国家自然科学基金项目（42072208，41602182）
陕西师范大学优秀出版基金项目
资助

滑河盆地新生代沉积演化：盆山耦合与风尘沉积

王 斌 著

地质出版社
·北 京·

内容简介

本书在盆山耦合思想指导下，对渭河盆地新生代沉积地层和演化历史进行重新梳理和厘定，认为渭河盆地发育演化历史与秦岭造山带和鄂尔多斯高原构造演化历史具有协同一致性。对段家坡剖面红黏土下伏的灞河组进行了磁性地层定年，确定其年代为11~7 Ma。在灞河组中发现了风尘沉积，将黄土高原南缘风尘沉积的历史向前推进4 Ma，到了11 Ma，指出黄土高原晚中新世风尘沉积的出现是大尺度气候环境变化和小规模区域构造地貌改变的共同结果。

本书可供从事新生代、沉积学等领域的相关科研人员参考阅读。

图书在版编目（CIP）数据

渭河盆地新生代沉积演化：盆山耦合与风尘沉积／王斌著.—北京：地质出版社，2024.6

ISBN 978-7-116-14178-0

Ⅰ. P531

中国国家版本馆CIP数据核字第2024ZG7520号

WEI HE PENDI XINSHENGDAI CHENJI YANHUA:
PEN-SHAN OUHE YU FENGCHEN CHENJI

责任编辑：肖莹莹　顾秋蓓
责任校对：陈　曦
出版发行：地质出版社
社址邮编：北京市海淀区学院路 31 号，100083
电　　话：（010）66554649（邮购部）；（010）66554571（编辑室）
网　　址：https://www.gph.clmpg.com
传　　真：（010）66554576
印　　刷：北京地大彩印有限公司
开　　本：787 mm×1092 mm　1/16
印　　张：7.25
字　　数：200 千字
版　　次：2024 年 6 月北京第 1 版
印　　次：2024 年 6 月北京第 1 次印刷
审 图 号：GS 京（2024）0641 号
书　　号：ISBN 978-7-116-14178-0
定　　价：158.00 元

前　言

本书主要针对渭河盆地新生代沉积演化历史和晚新近纪风尘沉积两个大的方向和科学问题开展研究进展综述和梳理工作。渭河盆地，也称作渭河地堑或关中盆地（平原），是位于华北地块上的一个新生代断陷盆地，它和山西地堑系的主体汾河盆地合称汾渭盆地或汾渭地堑，与北部的银川–河套盆地共同组成环鄂尔多斯周缘新生代断裂盆地系。渭河盆地的地理和大地构造位置非常重要，它北接黄土高原，南邻秦岭造山带，西侧临近青藏高原东北缘，东部靠近华北平原，位于欧亚板块构造体系、太平洋板块构造体系和特提斯板块构造体系辐合交接地带。渭河盆地在新生代沉积了厚度达到七八千米的陆相碎屑堆积，直接不整合在前寒武纪不同时代基底之上，盆地沉积中心也是其沉积最深处，位于西安西南部的户县凹陷和中部固始凹陷，沉积厚度超过7000 m，与秦岭山脉最高处太白山（顶峰拔仙台海拔3776 m）形成了上万米的高差。前人研究表明，渭河盆地是新生代印度板块向北碰撞挤压的应力传递和青藏高原隆升的远程响应结果，其形成演化过程与新生代鄂尔多斯盆地–高原转型和秦岭造山带构造隆升历史紧密相关，因此，对渭河盆地断陷机制、沉降过程、沉积体系、环境变化等发生和发展演化过程的研究，对于理解新生代秦岭造山带隆升剥蚀历史、黄土高原风尘沉积过程、东亚季风区环境演变，以及青藏高原隆升造成的环境效应等重大科学问题都具有不可替代的重要意义。

渭河盆地以其独特的地理位置和保存完好的露头剖面及丰富的古生物化石，早在20世纪中期就受到学界关注。前人也对渭河盆地新生代地层和古生物等领域做了诸多探索性的重要研究，但限于研究时代和技术手段的局限，研究内容相对简单，方法比较单一，对于盆地的形成演化、充填模式和后期改造，尤其是新生代盆地形成发育的区域动力学环境和构造地貌涉及较少，对晚新近纪以来的风尘沉积序列缺乏深入研究；此外，前人工作大多只是将渭河盆地作为孤立对象进行单独研究，缺乏对渭河盆地–秦岭山脉–黄土高原作为整体进行剖析的系统认识。因此，很有必要在“盆山耦合”思想及“深部–地表相互作用机制”地球系统科学思想理念指导下，从渭河盆地沉积入手，探究渭河盆地–秦岭山脉–黄土高原构造–沉积作用关系和构造–气候相互作用的内在耦合作用。

作者自2011年起，在前人研究基础上，经过大量野外调查，探明了渭河盆地（主要是东南缘）现今新生界分布状况和地层特征，在前人划分基础上，对渭河盆地新生代地层进行了重新梳理和部分修订，认为盆地从中始新世（~50 Ma）开始断陷接受沉积，盆地南缘的新生代地层包括始新统红河组，渐新统白鹿塬组，中新统冷水沟组、寇家村组、灞河组，上中新统—上新统蓝田组和第四纪黄土–古土壤。将红河组、白鹿塬组、冷水沟组、寇家村组、灞河组、蓝田组、三门组等区域地层单位及第四纪黄土–古土壤与《中国区域年代地层表》进行了对照：把原认为属于蓝田组底部的砾岩层划入灞河组；在对盆地中心钻井资料分析对比基础上，对三门组的概念和内涵进行了重新界定，认为它和蓝田组属于同期异相沉积而不存在地层上下和时代新老关系；主张取消“张家坡组”和“游河组”，并将其归入三门组。在地层重新厘定的前提下，进一步分析了渭河盆地始新世以来的构造张裂和沉积演化历史，认为始新世和晚中新世是盆地发育演化最重要的两个阶段，在时间和动力上与秦岭造山带的隆升以及黄土高原的演化具有协同一致性。

黄土高原新近纪风尘沉积蕴含着丰富的古环境变化信息，真实而详细地记录了现代东亚季风系统的发展演化过程和亚洲内陆干旱化的历史，也为间接探讨青藏高原的隆升时间及其环境效应乃至亚洲宏观气候–地貌格局的形成提供了良好的材料。黄土高原南缘的蓝田段家坡剖面发育连续完整的晚新近纪风尘沉积，前人对黄土–古土壤和蓝田组红黏土进行了深入的年代学、成因和气候意义研究；但对于下伏灞河组关注较少，先前工作主要局限于古生物学家对哺乳动物化石的发掘研究，对其古环境和年代学研究较为薄弱。前期野外考察中，在灞河组首次发现了风尘沉积，然而由于其与河湖相沉积互层，使得风尘沉积特征不够明显，没有上部红黏土和黄土–古土壤那样在野外显而易见，在以往研究中尚未得到第四纪古环境研究者的重视。

蓝田新生代地层中包含丰富的哺乳动物化石，特别是灞河组中产出典型的三趾马化石，中国古生物学家曾据此建立了灞河期标准生物地层。鉴于灞河组及灞河期沉积地层在中国北方环境变化及古生物研究中的重要意义，本书利用磁性地层学方法，对陕西蓝田灞河南岸厚约246 m的段家坡灞河组典型剖面进行了详细的磁性地层学研究。在野外以0.2 m间距高精度采样，并通过系统热退磁方法建立了渭河盆地东南缘蓝田白鹿塬地区段家坡剖面灞河组磁性地层学序列，621个古地磁样品剩磁数据表明，灞河组记录了10个正极性和10个反极性事件，磁性地层分析确定的极性序列可与标准古地磁年表（GPTS）清晰对比。通过与标准磁性地层柱对比得出，段家坡剖面灞河组年龄为11~7 Ma，剖面底界年龄为11 Ma，年代结果表明，灞河组属于晚中新世，这与近几十年来的生物地层学结果匹配很好，改变了早期认为灞河组属于上新世的传统认识。

在野外观察和年代学研究基础上，本次研究还进行了大量的粒度分析和一系列地球化学及同位素示踪研究来提取和确认风尘组分，利用粒度分析和地球化学方法对灞河组粉砂风成特征进行了论证，用Sr–Nd同位素方法初步探讨了其物源，这些结果均指示黄土–红黏土与下伏中新统灞河组粉砂之间的特征相似性，可以据此认为这三种沉积物都具有相同的风尘来源。在对沉积相和地貌环境分析基础上，尝试恢复重建了蓝田白鹿塬地区晚中新世以来风尘沉积过程，指出由于研究区靠近秦岭山区，且早期古灞河水系下切较浅，灞河组底部层位容易受到流水侵蚀和沉积作用的影响，而使得部分层位典型风尘沉积信息在沉积后受到不同程度的侵蚀破坏而不易被辨别。

本次研究结合前人研究结果首次在黄土高原南缘地区建立了11 Ma来的相对连续的风尘沉积序列，进一步推测黄土高原南部乃至整个黄土高原地区至少在晚中新世前就已经开始风尘沉积。基于风尘物质沉积过程中，只有相对平坦和构造稳定的地貌环境才能长久地保存风尘沉积而免遭侵蚀破坏的已有认识，经过将段家坡剖面与黄土高原其他地区风尘沉积剖面的时代和地理位置进行对比，强调了青藏高原在早、晚中新世（～20 Ma和～10 Ma）隆升的两阶段性及～8 Ma前鄂尔多斯地区由隆升转为沉降引起的下垫面区域构造地貌改变对黄土高原风尘沉积的重要影响，进一步指出黄土高原新近纪风尘沉积的出现不仅仅是这一时期全球气候变冷和大尺度大气环流改变的直接反映，同时可能也是区域构造事件影响地表过程进而通过地貌环境改变调控风尘物质沉积–侵蚀作用的结果。

本研究建立了灞河组的磁性地层年代，为哺乳动物化石的区域对比提供了准确的年代界定，同时支持灞河期单独作为一个地层年代单位。结合与大致同纬度的青藏高原东北缘临夏和天水盆地同时期地层沉积及哺乳动物化石组合的对比，初步重建了灞河组的沉积环境和古气候，认为晚中新世灞河期为半干旱型草原气候，与上覆的蓝田组底部沉积时期湿润森林型气候环境有很大不同，显示7 Ma前后黄土高原沉积环境和古生物类型也发生了显著改变。

综上所述，本书基于野外考察和室内实验分析得出的主要研究结论有：①在盆山耦合思想指导下，对渭河盆地新生代沉积地层和演化历史进行了重新梳理和厘定，认为渭河盆地发育演化历史与秦岭造山带和鄂尔多斯高原构造演化历史具有协同一致性。②对段家坡剖面红黏土下伏的灞河组进行了磁性地层定年，确定其年代为11~7 Ma。③在灞河组中发现了风尘沉积，将黄土高原南缘风尘沉积的历史向前推进4 Ma，到了11 Ma，指出黄土高原晚中新世风尘沉积出现是大尺度气候环境变化和小规模区域构造地貌改变的共同结果。同时，本书限于篇幅，对于渭河盆地古环境记录及其与秦岭的盆山关系问题未能进一步展开，在渭河盆地边缘和中心地层的时空对比以及盆地演化动力机制和沉积充填模式分析方面的研究工作还需要进一步加强。

目　录

1 绪 论

1.1 意义和目的

1.1.1 渭河盆地研究简史

新生代（66 Ma）以来地球岩石圈发生了强烈构造变动，引起全球海陆格局、地貌形态、气候类型和生态系统发生了翻天覆地的变化，其中在亚洲，最为显著的构造事件是印度板块向欧亚板块的俯冲，导致了青藏高原的隆升和周缘一系列新生代盆地的形成（Molnar and Tapponnier，1975；Peltzer and Tapponnier，1988；Searle et al.，1987；Tapponnier et al.，1982，2001；Harrison et al.，1992；Yin，2010；许志琴和张国伟，2013；Ding et al.，2022；图1.1）。正是由于青藏高原隆升挤压的应力不断向NE方向传递，在秦岭山前形成大型左旋走滑断层而导致了华北板块受到NW—SE向拉张，由此形成了渭河盆地（Mattauer et al.，1985；Peltzer et al.，1985；Zhang et al.，1995；Sun，2005；王斌等，2013；孟庆任，2017）。

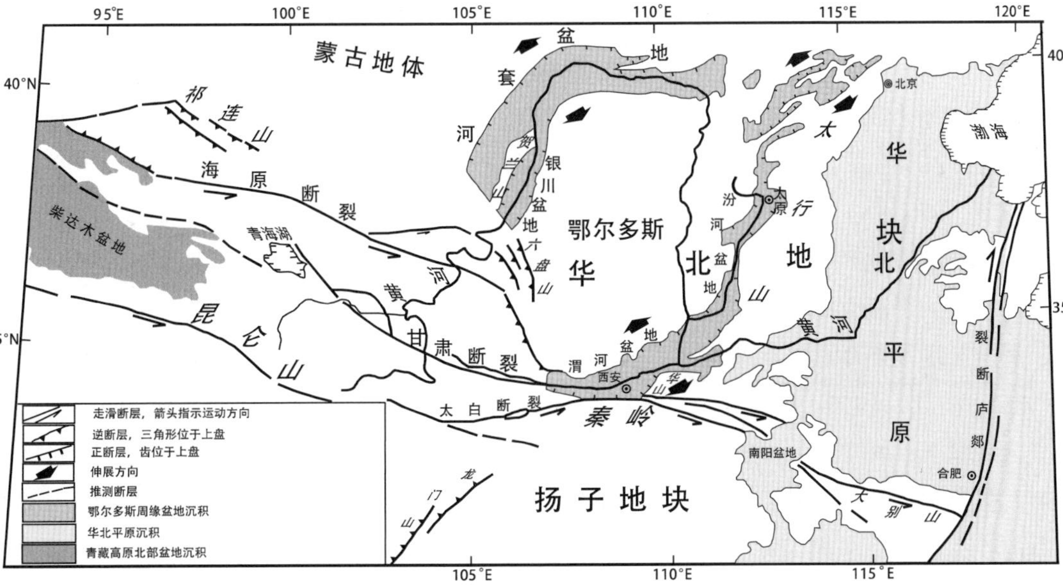

图1.1　中国北方构造纲要图
（修改自Zhang et al.，1995）
图中显示了渭河盆地及周边主要构造单元

（1）渭河盆地研究进展

渭河盆地，也叫渭河地堑（俗称关中盆地或关中平原），与汾河盆地（山西地堑系）合称“汾渭盆地”或“汾渭地堑”（王斌等，2013），南依秦岭造山带，北临鄂尔多斯高原（黄土高原），西接宝鸡，东达三门峡，东西长约400 km，南北宽30～80 km，整体向近NE方向延伸，面积约2×10^4 km^2，是发育于秦岭造山带北缘的新生代断陷盆地（王存诚，1965；王存诚，1965；张伯声，1964；崔盛芹和李锦蓉，1986；Wang，1987；胡孟春，1989；彭建兵等，1992；韩恒悦等，2001；李智超等，2015；Dong et al.，2022；Lu et al.，2023；图1.1）。渭河盆地内部平均海拔400 m，南侧的秦岭山脉平均海拔2000 m，北部属于黄土高原南缘的北山山地海拔900～1300 m（王斌等，2013）。盆地整体地势西高东低，在地貌特征上沿渭河向两侧山前呈阶梯状抬升分布，依次为河流阶地、冲积平原、黄土台塬、山前冲洪积扇（刘护军，2004）。渭河及其主要支流（泾河、北洛河、灞河等）水系从四周向盆地中心呈树枝状汇聚奔流，最终在盆地东端潼关东流汇入黄河（王斌等，2013）。

对渭河盆地的最早研究开始于19世纪末德国地质和地理学家李希霍芬在这一地区的开创性地质考察，其“踏查之普遍，著述之精深博大，远非清人所及”。在1949年之前，维里士、王竹泉、德日进、杨钟健、斯行健、谢家荣、李连捷、冯景兰、裴文中、赵亚曾、黄汲清、李承三、王志超、张伯声等一大批地质学家对渭河盆地的地质地貌和河谷发育进行了研究（张伯声，1964；王存诚，1965），取得了一些初步研究结果并形成盆地“地堑”结构的认识。1949年以后，诸多学者在渭河盆地开展了大量基础地质、地质构造演化、新构造与地貌、石油地质、煤田地质、矿产地质、水文地质与工程地质、地震地质、活断层与地质灾害、黄土与第四纪地质等专题研究工作（刘东生等，1960；张伯声，1964；王存诚，1965；薛祥煦，1981；汪品先等，1982；陕西省地质矿产局，1989；Porter et al.，1992；张宏卫和邓起东，1992；陕西省地震局，1996；薛祥煦和张云翔，1996；薛祥煦等，2002；Zhang et al.，2003；王建强，2010；王斌等，2013；Wang et al.，2014；李智超等，2015；Rits et al.，2016，2017；Wang et al.，2020；Lu et al.，2023）。前人多年研究对渭河盆地的地质地理特征和发育演化过程都取得了很多重要的基础性成果，但大都是把渭河盆地作为一个孤立的对象进行单独认识。

渭河盆地是新生代开始发育的断陷盆地，在新生代之前属于鄂尔多斯盆地南侧的一部分（Zhang et al.，1995；Liu，1998；Liu and Yang，2000），它与鄂尔多斯盆地（晚中新世后转型为高原）和秦岭造山带的发育演化密切相关。鄂尔多斯盆地是位于华北克拉通西部的一个大型中生代陆相盆地，与秦岭造山带在三叠纪晚期大致同时开始发育，盆地四周都被造山带环绕包围，东侧为太行山，南侧为秦岭，西侧是六盘山和贺兰山，北侧是狼山和大青山（Darby and Ritts，2002；Ritts et al.，2004）。

鄂尔多斯地块周边地区从始新世（～50 Ma）开始断陷形成一系列新生代地堑盆地，这一时期的构造断陷是印度板块向北挤压引起青藏高原碰撞抬升和太平洋板块向亚洲大陆俯冲的远程效应共同作用的结果，同时也可能受到深部壳幔作用的影响，鄂尔多斯周缘新生代断陷盆地沉积和构造演化历史记录了印亚板块汇聚远程效应和岩石圈深部构造-热活动过程（Zhang et al.，1995，1998，2003；张岳桥和廖昌珍，2006；张岳桥等，2006a，2006b；Huang et al.，2008；Dong et al.，2022）。从中-晚始新世—渐新世开始，在鄂尔多斯南部渭河地堑、北部河套地堑和西北部银川地堑、六盘山古地堑几乎同时开始发生断陷作用接受河湖相沉积，从这一时期沉积物分布特征和沉积厚度推测断陷作用相对较弱（张岳桥等，2006a，2006b）。渐新世晚期，在区域挤压构造作用下，鄂尔多斯周缘地堑挤压变形而整体抬升，具体表现在渭河盆地、河套盆地和银川盆地三个盆地渐新统与中新统之间普遍存在明显的地层角度不整合（张玉萍等，1978；张抗，1989）。

中新世早期，鄂尔多斯地块周缘断陷作用影响范围进一步扩大，逐渐作用到整个渭河盆地、银川盆地、河套盆地和六盘山北部地区，甚至可能影响到更西部的甘肃临夏盆地，这一时期各盆地均发育河湖相沉积，地层上大致可以根据生物地层进行区域对比（刘池洋等，2005a）。普遍认为，此时，山西地堑系尚未形成，但南部的运城和临汾盆地可能也受到了这一期断陷作用影响。

中新世晚期（10～8 Ma），青藏高原周边造山带普遍发生了一期造山隆升运动（Wang et al.，2012），高原隆升的远程效应和向东的构造挤出应力传递使鄂尔多斯盆地周边的区域构造应力场也发生了重大转变，其引张应力方向由NE—SW转换为NW—SE向（Zhang et al.，2003）。这一应力转变对鄂尔多斯地块及其周边构造地貌格局产生了重要影响，在新生代晚期（8 Ma前），鄂尔多斯盆地及周缘地区发生了一系列根本性的构造和地貌转变：山西地堑系开始形成并与渭河盆地连为一体，鄂尔多斯盆地周缘格局开始变异，鄂尔多斯盆地开始沉降接受沉积而逐渐成为高原。Zhang et al.（2003）和张岳桥等（2006）认为这一时期鄂尔多斯高原南缘和北缘发生了左旋走滑伸展，包括渭河盆地在内的断陷盆地沉降和沉积速率都明显加速；同时，鄂尔多斯高原西部银川盆地和东缘汾河盆地发生了与之相反的右旋走滑伸展，鄂尔多斯地块本身则可能发生了逆时针旋转。鄂尔多斯西南缘弧形构造带发生了强烈的挤压收缩变形，六盘山快速隆起（宋友桂等，2000；Zheng et al.，2006）。

现今，鄂尔多斯地块西南缘受到来自青藏高原东北部伸展作用的强烈挤压，其余部位都被周边断陷盆地围限，以剪切拉张变形为主（张培震，1999；张培震等，2002；Zhang et al.，2004）。分别位于鄂尔多斯高原东西部的汾河盆地与银川盆地均受到NNE向右旋正走滑断裂控制，而南北侧的渭河和河套断陷盆地带则受正断层分量占主导的近EW向左旋正走滑断裂控制（国家地震局鄂尔多斯活动断裂系课题组，1988；Zhang et al.，1995；张培震，1999；张培震等，2002；Shi et al.，2015）。

秦岭造山带形成于三叠纪晚期扬子板块和华北板块的碰撞，是一个古老的中央造山带（Zhang et al.，1996；张国伟等，1995，2001，2003；Dong et al.，2011）。以往对秦岭的研究主要集中于中生代的初始碰撞隆升（Li et al.，2007），近年来最新研究发现，秦岭在新生代也有多次剧烈的抬升事件（Enkelmann et al.，2006；Liu et al.，2012；Rao et al.，2015；Shi et al.，2021），最终形成今天的盆山地貌格局，这几次构造抬升在时间和动力上与渭河盆地的发育演化和鄂尔多斯地体从盆地向高原的转型都有紧密的联系（详见第2章）。Wang et al.（2014）通过地球物理剖面分析发现，秦岭、渭河盆地与鄂尔多斯南部的莫霍面深度分别为32～37 km，25～41 km和～41 km，Bao et al.（2011）通过地球物理研究发现，鄂尔多斯块体的岩石圈厚度超过200 km，秦岭造山带北部厚约140 km，渭河盆地只有约100 km厚，认为新生代印度板块–亚洲板块碰撞的远程效应可能对这一地区岩石圈变形和渭河盆地新生代伸展有重要影响（Huang et al.，2008）。地球物理探测结果也发现，渭河盆地地幔上隆，地壳变薄，而秦岭造山带的山根则已经消失（张国伟等，2001），这表明除了水平方向应力传递之外，垂直方向上地壳和更深部地幔物质的活动同样也可能对渭河盆地和秦岭造山带的发展演化产生了重要影响。

（2）盆山耦合思想

盆地和造山带作为大陆上两个最基本的构造单元和研究对象，是研究大陆构造和大陆动力学的天然实验室（董云鹏和张国伟，1997；Busby and Ingersoll，2012；Allen and Allen，2013）。沉积盆地长期相对沉降不断接受沉积物堆积充填，翔实记录了地质历史时期构造运动、沉积体系展布、地貌演化和气候环境变迁等信息，既反映和体现地球深浅部不同的结构构造特征和动力学环境，同时还蕴藏了大量的资源和能源（王建强，2010）。造山带是地壳发生强烈构造变形或岩浆活动而相对隆升的构造单元，是研究岩石圈各种地质作用过程和动力学的关键地带，也是内生金属矿产的富集区（刘池洋等，2006；王建强，2010）。沉积盆地和造山带因为其自身的重要价值，长期以来都是地质科学研究的重点对象，但在20世纪90年代以前，地质研究人员大多是把两者孤立地分开，只单一研究造山带或盆地，而未能将二者有机联合起来作为统一对象进行认识。

到了20世纪90年代，随着相关研究越来越深入，地质学家逐渐认识到盆地与造山带不是孤立存在的个体，两者作为对立统一的两面，往往在统一的构造背景和动力学环境中形成和演化，彼此相互依存共同发展，有紧密的内在物质和能量的有机联系，因而造山带的研究要与相邻盆地研究相结合，通过对盆地沉积物的构造–沉积特征分析来反演重建造山带的造山过程和演化历史（李思田，1995；董云鹏和张国伟，1997）。中国学者基于多年来对盆地和造山带关系的研究相继提出了“盆山耦合”的概念和思想（Liu，1998；刘少峰等，1999；刘和甫等，2000a，2000b；刘和甫，2001；李忠和王清晨，2001；汪泽成等，2001；李继亮等，2003；刘树根等，2003；王清晨和李忠，2003；吴根耀和马力，2003），认为作为大陆岩石圈表面发育的两个基本构造单元——盆地和造山带在空间上相互依存，在物质上相互转换，在地表形态上相互调整、均衡，盆地形成受到盆地边缘山脉构造作用控制，盆地沉降与山脉隆升具有耦合关系，盆地沉积记录了边缘山脉构造作用过程（牛树银等，1995；刘少峰，2005；琚宜文等，2009）。

刘和甫（2000）认为盆地与造山带之间存在三种关系：构造应力场统一性、旋回时间开合性和沉积互补性，根据地球动力学环境和板块运动阶段划分了8种盆山耦合类型。王清晨和李忠（2003）定义“盆山耦合主要是指冲断造山带与前陆盆地、伸展山岭与裂陷盆地及走滑造山带与走滑盆地在构造、沉积和深部结构上的耦合现象”，沉积耦合主要关注沉积盆地对相邻造山带的沉积响应关系，即通过沉积响应重塑盆山耦合过程及相邻造山带的演化，如利用沉积盆地碎屑物成分进行造山带揭顶历史的恢复研究。李继亮等（2003）根据动力学机制划分了引张、挤压、走滑引张、走滑挤压、垂直应力和冲击等6种不同动力机制的盆山耦合类型，认为山脉的构造演化对盆地的沉降与沉积作用有较强控制作用，盆地也会影响到山脉的隆升和侵蚀。

刘池洋（2005a）总结盆山耦合体现在四个方面：①成因耦合，指相邻盆地和造山带形成于统一动力学环境中，二者成因紧密相关。②时空相关，盆地沉降和山体隆升在时间上经常同步一致发展，在空间上彼此邻近，相互依存，在演化过程中相呼应。③物质交换，在地表主要表现为山脉遭受剥蚀，为新生盆地输送物质，盆地接受沉积；深部交换形式和过程比较复杂，更多体现为深部物质流动、能量传递和动力过程，但研究相对较为薄弱。④相互作用方式，在不同研究中因具体动力环境和盆山类型的差异、讨论的切入点不同，对盆山相互作用中哪个更为主动、起主导作用会有不同看法。综上所述，尽管不同学者对“盆山耦合”的具体定义和概念理解不尽相同，但都认识到要通过盆地沉积来追溯造山过程，从造山带发展演化历史中探究沉积盆地的形成发展，在一个统一的整体中动态地揭示和恢复不同时期盆山关系和动力学环境（王建强，2010）。

国际地学界并没有“盆山耦合”的概念和提法，与之相对应的是“岩石圈深部过程与近地表构造过程耦合（couping of lithosphere and near-surface processes）”思想（王清晨和李忠，2003；王建强，2010）。美国基金委地学部曾组织一批权威构造地质学家与大地构造学家于2002年9月在科罗拉多州首府丹佛市召开了关于未来十多年构造地质学与大地构造学发展的战略研讨会，并发布了名为《构造地质学和大地构造学的新航程》（“New Departures in Structural Geology and Tectonics”）的白皮书（Pollard，2003；郭安林等，2004）。在超越板块构造的主题下，以全新的流变学为核心的理论模式开展大陆构造研究，提出了当前构造地质学要重点应对的四大课题：

1）超越板块构造：流变学与大陆造山作用；

2）丢失的联系：从地震到造山作用；

3）大地构造、气候与地表系统的动态相互作用；

4）地球和生命的协同演化。

2020年5月19日，美国国家研究理事会（NRC）发布《美国国家科学基金会地球科学十年愿景（2020—2030）：时域地球》（“A Vision for NSF Earth Sciences 2020—2030：Earth in Time”），为未来美国地球科学研究优先事项、基础设施与设备，以及伙伴关系提供了重要指南。其中美国国家科学院召集并组成了专门委员会，通过网上社区调查问卷、委员会会议专家讨论、与地球科学研究界同仁的讨论，以及对科学文章和其他来源信息的全面综述，最终选择确定了未来10年内有可能取得重大进展的12个问题。这12个研究问题反映了地质时间的重要性、地球表面和内部的联系、地质和生命的共同演化，以及人类活动带来的影响。

1）地球内部磁场产生的机理。了解推动地球磁场产生以及控制地球磁场变化速度的机理，这对于理解从地球内部到大气层的相互作用，以及地磁场对人类活动的影响至关重要。

2）板块构造开始的时间、原因和方式。板块构造产生并改变了大陆、海洋和大气层，但人类对板块构造在地球上形成的时间、为什么地球上会发生，以及板块构造将随着时间如何推移发展，目前仍然缺乏了解。

3）关键元素在地球上的分布和循环。地质过程所必需的关键元素（critical elements）的循环为生命创造了适宜条件，并为现代文明所需的物质提供了组分，但这些元素如何在地球内部跨越时空进行运移，仍是一个需要研究的基本问题。

4）地震的本质及其驱动力。地震破裂是复杂的，地球以不同的速度、不同的方式发生变形，因此，需重新考虑地震的本质及其驱动力。

5）火山活动的驱动力。火山喷发对人类、大气层、水圈和地球本身都有重大影响，因此迫切需要对岩浆在全球各地不同环境中的形成、上升和喷发的机理，以及火山喷发在整个地质时代如何发生等基础问题进行研究。

6）地形变化的原因和后果。从地质时间尺度到人类时间尺度测量地形变化的新技术，将有助于解决地球深部和地表相关的科学问题，以及与地质灾害、资源和气候变化有关的紧迫社会挑战。

7）关键带对气候的影响。陆地的反应性表层（reactive skin）影响着水分、地下水、能量，以及陆地和大气之间的气体交换，因此，它对气候的影响是理解地球系统的重要组成部分，也是陆地的反应性表层对全球变化已经和将要做出反应的重要组成部分。

8）地球历史揭示出来的气候系统动力学问题。地球历史上长期和快速环境变化的证据提供了与现代气候变化比较的关键基准，有助于阐明地球系统的动力学，提供气候变化的幅度和速度，并在预测未来气候变化方面发挥关键作用。

9）地球水循环的变化方式。要了解水循环目前和未来的变化，需要从根本上了解水-陆系统，以及了解水循环与其他物理、生物和化学过程发生相互作用的方式。

10）生物地球化学循环的演化。生物在岩石和矿物的形成与风化、碳循环，以及空气的成分中发挥了重要的作用，要量化生物的这些作用，需要对生物地球化学循环有更深入的了解。

11）地质过程对生物多样性的影响。地球生命的多样性是地球的一个主要特征，但人类还不完全了解它的形成过程。因此，需要理解多样性随着时间、环境和地理的变化而发生变化的方式和原因，包括像生物灭绝这样的重大地质事件。

12）定量认识和预测地质灾害以降低风险和损失。对地质灾害的预测和定量认识对减少风险和影响、拯救生命和基础设施至关重要。

2002年白皮书中第三个课题“大地构造、气候与地表系统的动态相互作用”和2020年NRC提出的第六个问题“地形变化的原因和后果”与“盆山耦合”思想之间有非常紧密的联系，都强调地球深部和表层圈层之间的相互作用。在过去的30多年里，构造-地表-气候耦合系统受到人们越来越多的关注（例如：Ramyo et al.，1988；Ruddiman and Kutzbach，1989；Molnar and England，1990；Raymo and Ruddiman，1992；Ruddiman and Prell，1997；Zhang et al.，2001；Molnar，2005；Whipple，2009；Committee on Challenges and Opportunities in Earth Surface Processes，National Research Council，2010；Molnar et al.，2010；Burbank and Anderson，2011；Miao et al.，2012；Lu，2015；刘静等，2018；郭正堂，2019；刘晓东等，2019；Dong et al.，2022；Wu et al.，2022），这种兴趣在今后将随新技术和新理论的发展而持续升温。核心的科学问题如大规模的构造运动（例如新生代青藏高原的隆升）怎样影响气候变化，气候变化对构造作用反馈的性质和强度如何，构造和气候对风化剥蚀与沉积系统的控制与耦合性质等，都是今后要进一步关注的重要问题。

秦岭的形成演化与全球大地构造格局、青藏高原隆升过程和东亚季风演化历史具有紧密联系，是研究构造、地貌、气候、生物和环境相互作用的重要信息库（王斌等，2017；Dong et al.，2022；Yu et al.，2022）。秦岭位于中国大地构造格局核心位置，东连桐柏-大别山，西接祁连山和昆仑山，总长度超过 2000 km，是印度板块、欧亚板块、太平洋板块三大构造体系的交汇地带（Zhang et al.，1995；张国伟，2001）。从地理上看，秦岭横贯中国大陆腹地，东接豫鄂、南控巴蜀、西连青藏、北邻关中，“和合南北，泽被天下”，对中国南北的地质、地理、气候、生态以及人文环境分异都产生了至关重要的影响（张百平，2019）。然而现有对秦岭的研究大都只关注秦岭在晚三叠世早期的碰撞成山和在中生代构造演化的大陆动力学问题，较少涉及秦岭新生代的构造隆升过程及其气候环境效应，对于秦岭隆升的环境效应以及什么时候成为我国南北地理分界线的问题也缺乏持续关注和深入研究（张国伟等，1995，2001，2003）。从盆山耦合角度来看，通过对渭河盆地新生代沉积地层的深入研究就可以为反演秦岭在新生代的隆升历史和环境效应提供重要线索。

虽然过去一个世纪以来，前人在渭河盆地做过大量工作，但限于历史条件和研究手段，对渭河盆地新生代地层的认识还基本停留在20世纪60～70年代的水平，对于渭河盆地新生代沉积可能记录的秦岭新生代隆升过程、东亚季风演化历史等信息的挖掘还远远不够。很多重要的科学问题依然没有得到解决，例如：三门湖的消亡与渭河外流水系的形成以及因此而造成的黄土高原水土侵蚀加剧是发生在更新世的一次重大地质事件（吴锡浩等，1998；蒋复初等，2005），对于这一事件的发生时间、构造和气候作用机理和相关过程还没有明确的解释。加之渭河盆地工农业发达，人口众多，却又处于地震频发的危险区域（彭建兵等，1992；陕西省地震局，1996），缺乏将渭河盆地与周缘的黄土高原和秦岭造山带作为统一联系的整体进行研究和剖析。前人对秦岭造山带和鄂尔多斯地块各自的研究表明，秦岭的最终碰撞造山与鄂尔多斯独立成盆具有密切的关系，同时新生代渭河盆地的强烈断陷与秦岭的大规模隆升两者又息息相关。利用“盆山耦合”与“构造-地表-气候耦合”思想对其开展系统研究不仅具有极大科学价值还有重要的现实意义，对新生代盆山关系的研究可以抓住盆地后期改造和原盆恢复的实质——区域动力学背景和来源，同时也将改造和恢复统一到该区构造动力学演化的过程之中，具有重要的科学意义和创新性。

1.1.2 晚新生代环境演变与风尘沉积研究

新生代以来在亚洲乃至全球范围除构造格局产生剧烈变动外气候环境也发生了翻天覆地的变化（Molnar et al.，1993；汪品先，1998；Tapponnier et al.，2001；Miao et al.，2012；Lu，2015；郭正堂，2019；刘晓东等，2019；Wu et al.，2022；图1.2），印度板块与欧亚板块碰撞导致青藏高原的隆升是新生代最重要的构造事件，在这一过程中海陆格局的变化和洋流与大气环流的调整使得亚洲现代地形格局和季风气候系统格局最终形成（Kutzbach et al.，1993；An et al.，2001；Yin，2010；汪品先，2005；Westerhold et al.，2020；Ding et al.，2022；Wu et al.，2022），对全球气候变化产生了深远的影响。

Zachos et al.（2001，2008）汇总了深海钻探计划（DSDP）、大洋钻探计划（ODP）40多个站位的底栖有孔虫稳定氧同位素数据，绘制了65 Ma以来全球深海稳定氧同位素的变化曲线，进行了其所反映的新生代气候变化和构造事件的对比（图1.2）。从图中可以清楚地看到，钙质微体化石氧同位素$\delta^{18}O$在过去65 Ma以来呈阶梯式变重趋势，反映全球渐进式变冷的过程。氧同位素曲线记录了$\delta^{18}O$的一系列峰值变化，记录了全球气候的冷暖变化以及冰盖的涨缩。新生代以来最重要的一次变暖事件发生在早新生代，从古新世末突然的增温（PETM），到早始新世（52 Ma）温度达到最高值，这段时期被称为早始新世气候最适宜期（Early Eocene Climatic Optimum）。在此期间$\delta^{18}O$值负偏1.2‰，至早始新世时达到最低值。从中始新世早期至早渐新世是一个长期渐进的变冷过程，$\delta^{18}O$值正偏达3.0‰，特别是在E/O界线附近，$\delta^{18}O$值大幅度正偏，在短期内由1.2‰迅速增加到3.0‰，底层海水温度从12℃降低为4.5℃。早渐新世时$\delta^{18}O$值相对仍较高，表明南极大陆有冰盖存在，直到晚渐新世再次变暖时消融。到中中新世时，全球冰量依然较低，底层水温回暖，此后$\delta^{18}O$值缓慢变重，全球气温再次趋于变冷，中中新世晚期南极大陆为永久性冰川覆盖，至上新世末期北极地区出现永久性冰盖（Zachos et al.，2001）。从氧同位素记录可以看出，新生代全球气候从“温室期”到“冰室期”转变，气候在总体变冷趋势中，发生了数个快速、大幅度的突变事件。

新生代包括古近纪、新近纪和第四纪，新近纪（23～2.6 Ma）是地球演化历史中一个

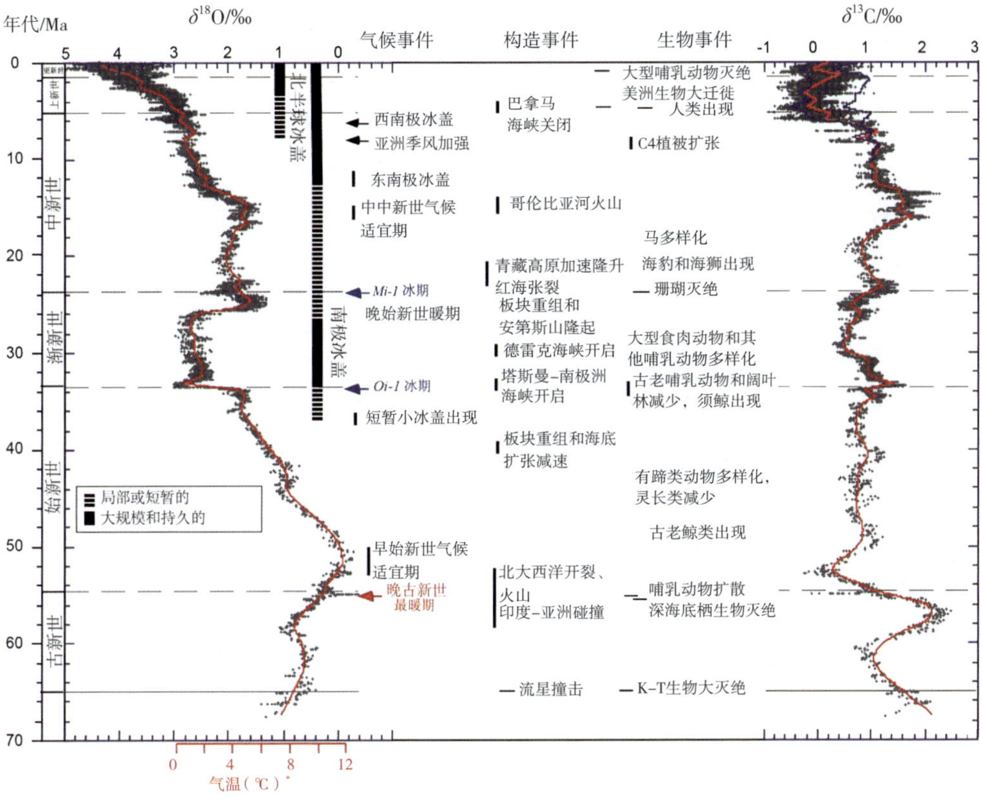

图1.2　新生代古温度变化曲线与主要气候和构造事件
（修改自Zachos et al.，2001）

重要时段，在这个时期海洋和陆地都发生了一系列重大变化，最终形成了今天的气候和环境格局（Potts and Behrensmeyer，1992；Guo et al.，2002，2008；Sun and Wang，2005；Zachos et al.，2001，2008；Westerhold et al.，2020；Wu et al.，2022）。早新近纪全球暖期在17～15 Ma的中中新世大暖期达到顶点，这也是整个新近纪最温暖的阶段，在高纬度地区气温甚至比现在高出6℃（Flower，1999；Zachos et al.，2001）。紧接着这次大暖期之后是一次持续逐渐降温，在14 Ma左右，南极大陆地表温度迅速下降，同时南极深层水变冷，东南极冰盖形成并增大，从而在南极大陆形成与今天规模相当的大陆型冰盖（Flower and Kennett，1995；Zachos et al.，2001，2008）。这些变化导致了经向温度梯度的变陡，气候带之间边界加强以及中纬度地区干旱化程度的加深（Flower and Kennett，1995；Westerhold et al.，2020），一直到晚中新世（11～5.3 Ma），全球气候变冷、干旱化和季节性增强的趋势都在继续（Janis，1993）。在中新世，除了剧烈的气候变化之外，同样发生了重要的构造变化，特别为人所知的是随着作为印度和亚洲的板块碰撞持续进行，应力不断加强，喜马拉雅山和青藏高原在中新世继续隆升（例如：Harrison et al.，1993；Wang et al.，2012；Ding et al.，2022），并增强了亚洲季风环流（Prell and Kutzbach，1992；Rea，1994；An et al.，2001；Wu et al.，2022）。

除此之外，这一时期全球其他区域构造活动也非常剧烈，例如：西亚扎格罗斯山脉（Golonka，2004；Agard et al.，2005）、南美安第斯山（Jordan et al.，1997）及非洲东部和南部高原（Partridge，1997）在中新世均发生了大规模的剧烈抬升和～10 Ma前印度尼西亚海道关闭（Hall，2002）等重大构造事件的发生都对全球或区域性气候环境产生了深远的影响（Hay et al.，2002）。在晚中新世陆地生态系统最主要的变化是伴随着8～7 Ma前C4植被占优势的草原和萨瓦纳（热带稀树高草草原）的进一步扩张（Quade et al.，1995；Cerling et al.，1997），更开阔的草地开始替代森林（Potts and Behrensmeyer，1992），这个时期最重要的哺乳动物演化事件是中晚中新世从北美进入欧亚大陆和非洲的三趾马大量扩散（Garces et al.，1997）。5.3 Ma地球环境进入温暖湿润的上新世，被认为是当今全球变暖的相似型而受到广泛关注。3 Ma左右北极冰盖形成，至此地球两极都形成了大面积稳定永久性的冰盖，导致了全球气候变化规律的改变（Raymo et al.，1989；Tiedmann et al.，1994）。从此全球气候从新生代总体较稳定变冷趋势转到第四纪大幅度冷干冰期–暖湿间冰期波动旋回。中国北方风尘沉积也从新近纪红黏土转型成第四纪黄土–古土壤序列，面积更大的黄土高原取代了原有的“红土高原”（Kukla and An，1989；Liu and Ding，1998）。

以地形和气候格局为代表的亚洲宏观环境格局的形成与演化以及由此产生的资源环境效应一直是新生代地球科学研究的核心科学问题（郭正堂，2019；Lu et al.，2023）。新生代全球气候总的变化趋势是波动式变冷（Zachos et al.，2001），在此背景下晚新生代亚洲内陆地区出现了大面积的沙漠和戈壁干旱区，成为全球重要的粉尘源地并在沙漠外围沉积了厚层的风尘沉积（刘东生等，1985；Muhs，2013；Li et al.，2020）。关于晚新生代以来亚洲内陆干旱化发展演化的驱动机制有多种解释，其中最重要的观点有二：①青藏高原阶段性隆升驱动了亚洲内陆干旱化发展（Manabe and Terpstra，1974；Ruddiman et al.，1989；An et al.，2001；刘晓东等，2001；Liu and Yin，2002；Zheng et al.，2016）；②晚新生代全球变冷直接导致了亚洲内陆干旱化的加剧，即“冷驱动干”（鹿化煜等，2008；Lu et al.，2010；鹿化煜和郭正堂，2013；Lu，2015）。

其中青藏高原隆升驱动全球变冷和粉尘沉降的学说在过去几十年里被很多学者所强调（李吉均等，1979，2001；Kutzbach et al.，1993；Rea et al.，1998），他们认为青藏高原在晚中新世以来一直有剧烈的隆升，青藏高原在第四纪加速隆升最终形成现今的规模和海拔高度，从而将第四纪冷干气候的出现和黄土粉尘的大量沉降归因于青藏高原的隆升（张林源，1981；Rea et al.，1998；An et al.，2001）。然而，最近30多年来，越来越多的研究结果发现，至少在晚中新世8 Ma前青藏高原主体就已经形成了与现在近似的海拔高度、规模和地貌形态（Harrison et al.，1992；Molnar et al.，1993；Chung et al.，1998；Wang et al.，2008；Wang et al.，2013；Ding et al.，2022），高原主要隆升事件开始和结束的时间都远早于第四纪，远远不像过去所认为的那么年轻（例如：李吉均等，1979，2001）。这样一来，此前将晚上新世至今亚洲内陆变干和粉尘沉降速率加剧归因于青藏高原隆升事件的解释（例如：Rea，1998；李吉均等，2001）就需要重新斟酌了。鹿化煜等（2008）、鹿化煜和郭正堂（2013）和Lu et al.（2015）认为，晚新生代中国风尘沉积的时空演化与全球变冷有较好的对应，主张是全球变冷而不是青藏高原隆升直接驱动着亚洲内陆的阶段性变干。

此外，Ramstein et al.（1997，2005）和Zhang et al.（2007）通过古气候模拟研究表明，副特提斯洋的逐渐消退，减少了亚洲内陆干旱地区的水汽来源，使亚洲内陆干旱地区大陆性气候表现得越来越明显；同时副特提斯洋最后的关闭，对西伯利亚高压的形成和发展也起到了重要作用，可能对新生代亚洲内陆的干旱化进程起到了关键的促进作用。

晚新生代全球变冷除了对动植物生态系统的分布格局和演化进程产生重要影响之外，其直接结果是促使亚洲中部乃至全球范围干旱区面积的增大，在干旱区气候背景下产生大量粉尘物质的释放和传输（鹿化煜等，2008；Muhs，2013；Zheng et al.，2015；图1.3）。亚洲内陆地区是世界上重要的粉尘源地，新生代全球变冷和亚洲内陆干旱化以及季风系统的形成之间有紧密的内在联系，这几个因素共同作用导致了亚洲粉尘传输和沉降的开始（鹿化煜和郭正堂，2013；刘晓东等，2013；郭正堂，2017）。在新近纪现代意义上的东亚季风系统开始出现（Sun and Wang，2005），同时亚洲内陆干旱化加剧，导致包括中国北方在内的亚洲内陆地区出现了大范围的沙漠和干旱区，亚洲内陆地区干旱化的加剧为风尘沉积提供了物源，而季风（主要是冬季风）的出现为粉尘搬运提供了强大的动力（An et al.，2001；Guo et al.，2002；Sun and An，2005；Zheng et al.，2015；图1.3）。粉尘物质不仅会影响局地和大范围气候环境，还通过以部分营养元素参与生物地球化学循环而影响全球范围内生态系统进而影响全球尺度的气候环境（Jickells et al.，2005；Shao et al.，2011；Zheng，2016）。

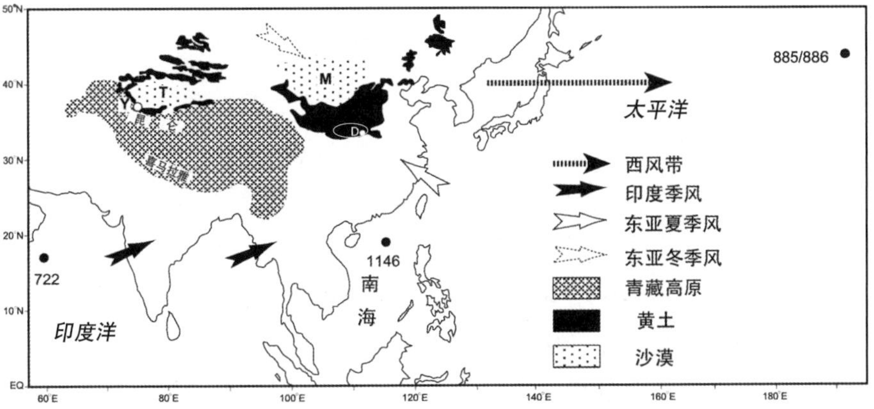

图1.3 东亚及太平洋地区大气环流及粉尘传输示意图

（据Zheng et al.，2004）

T—塔里木盆地；Y—叶城剖面；M—毛乌素沙地；D—段家坡剖面；椭圆指示渭河盆地大致位置范围

西风带将粉尘从亚洲内陆传输到太平洋，在ODP885/886钻孔记录有连续的晚新生代以来的风尘（Rea et al.，1998）

Pye（1987）通过风洞实验研究发现，细颗粒物质被风力搬运的距离与其粒径有很大关系，>63 μm的细砂颗粒组分只能在近地面几米的高度内在水平方向上跃移数米的距离；20～63 μm的粉砂颗粒组分以近地面短距离悬浮为主，其搬运距离与风速相关性非常好，在一般规模风暴中可上升到几百米，根据理论模拟计算最远可以被搬运达1000 km；更小的几微米的细颗粒可以被带到高空在全球范围内做长距离搬运（Pye，1987，1995；Smalley and Markovic，2019）。

深海风成粉尘沉积速率的增加可以看做风成源区干旱化的直接指示标志（Rea，1994；Rea et al.，1998），Rea（1994）发现在北太平洋深海沉积中记录了至少自早新生代以来的连续风尘沉积，认为其在古新世—始新世之交（55 Ma）和晚上新世（3 Ma）这两个重要时段风尘沉积通量和粒径都有明显的增加，并将3 Ma以来粉尘沉积快速增加归结为青藏高原整体的剧烈隆升（Rea et al.，1998），但近几年越来越多的研究证据表明青藏高原主体可能至少在晚中新世已经抬升到4000 m以上，接近今天的规模和高度（例如：Molnar et al.，2005；Wang et al.，2008；Wang et al.，2013），因而晚上新世至第四纪这一时期黄土高原和北太平洋风尘沉积的迅速增加似乎解释为受全球变冷背景下的北极冰盖扩张控制（Lu et al.，2010；鹿化煜和郭正堂，2013）或者青藏高原东北缘区域性的抬升（Chang et al.，2012；Wang et al.，2020）更为合理。

在新近纪，我国黄土高原地区开始沉积了厚度巨大而且连续的大面积风成粉尘沉积（刘东生等，1985；Sun et al.，1997，1998；Ding et al.，1998；Liu and Ding et al.，1998；An et al.，2001；Guo et al.，2002；Li et al.，2020；图1.4）。风尘沉积有三个基本条件：①稳定的粉尘物源；②足够强的风力搬运；③稳定的堆积区域，一般来说是相对平坦低洼且构造活动相对稳定的区域（Pye，1995；王斌等，2017）。

风成黄土沉积，连同深海沉积和极地冰芯被形象地称为记录地球过去气候变化历史的三部史书或“无字天书”。黄土主要分布于南北半球的中纬度干旱—半干旱地区，在中国黄土高原的发育尤为典型。中国北方的风尘沉积包括三部分：第四纪以来的黄土-古土壤、晚中新世—上新世的红黏土、晚渐新世/早中新世的风尘沉积。中国风尘沉积记录了至少自新近纪22 Ma以来岩石圈、水圈、大气圈和生物圈各圈层相互作用的历史，是在新生代全球气候变冷的大背景下，在亚洲内陆干旱化和亚洲季风系统演化的气候条件下，以青藏高原为主的广大山脉和高原隆升提供的物质条件下，亚洲粉尘的产生、传送和沉积的产物（Guo et al.，2002；Zheng，2016）。风尘沉积不仅广泛堆积在陆地上的各种地貌单元上，细小的风成粉尘同时还沉积在海洋和极地冰芯里，这些风尘沉积记录不仅为恢复过去地质历史时期的大气环流提供了重要的相关证据，而且还提供了构造运动对气候变化的驱动影响信息，它们是地球气候历史的极佳记录，包含了过去重要的气候信息，是我们深入研究长时间尺度气候变化，认识新生代全球环境演化的重要材料（郭正堂，2017）。

中国北方地区的风尘沉积至少包含了两方面古环境变化信息：①亚洲内陆干旱化开始

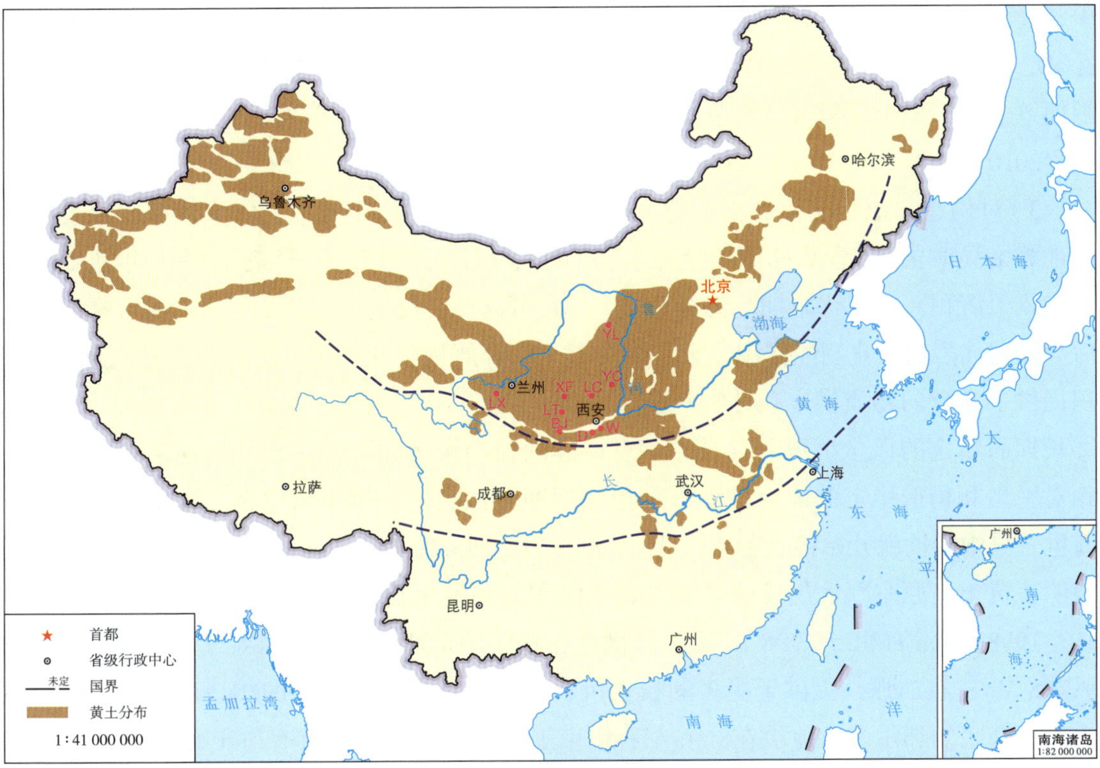

图1.4 中国黄土分布图

（据刘东生，1985）

图中显示了中国黄土分布范围和主要研究剖面：BJ—宝鸡；D—段家坡；LC—洛川；LT—灵台；LX—临夏；W—渭南；XF—西峰；YC—宜川；YL—榆林

的时间及其干旱程度变化过程；②东亚季风的形成时间和演化历史（郭正堂，2010）。其具体气候环境意义包括以下三个方面。

1）对内陆干旱化的指示意义。大规模的风尘沉积需要稳定和面积巨大的物源区（Pye，1995），古风成砂及风尘沉积物是地质历史时期沙漠形成演化的重要标志（董光荣等，1991），中国黄土高原地区风尘沉积的开始也就意味着亚洲内陆大面积干旱区的形成（Guo et al.，2002）。郭正堂（2010）对新生代主要是新近纪风尘沉积与环境空间格局研究对比后指出，亚洲内陆干旱化与季风主控环境的起源是一种同时性的协同演化，时间上没有明确的先后顺序，应该是受统一因素控制，只是具体表现有较大差异：粉尘沉积的开始时间对亚洲内陆地区意味着一个干旱化过程，但对于东南部季风区即水汽可以到达的地区则指示了一个湿润化的过程。

2）对大气环流的指示意义。中国北方在早新生代及更早时期曾长期受行星风系控制（Sun and Wang，2005），现在黄土高原的黄土-古土壤、红黏土和中新世风尘沉积被认为主要是晚新生代现代东亚季风系统建立后，来自西北方向的冬季风长期搬运的结果，同时中纬度高空西风带也被认为参与了黄土-红黏土中细粒物质的搬运（Ding et al.，1998；Sun et al.，1998；Lu et al.，2001）。粉尘沉积后，随之而来的成壤环境需要暖湿的气候条件，因而风尘加积型土壤指示了季节交替的大气环流特征，可作为季风环境的一种标志（郭正堂，2010）。

3）对构造和地貌演化的指示意义。这个影响体现在两个方面：①大规模长尺度构造和地貌格局演化（如青藏高原的隆升）会影响大气环流并改变干旱区面积和规模进而间接影响风尘沉积。新生代时期高海拔山地（如青藏高原、昆仑山、天山、祁连山）在隆升之后会受到强烈的风化剥蚀作用，大量剥蚀下来的碎屑物质堆积在山前冲洪积扇，为风尘沉积提供了充分的物质供应（刘东生等，1985；Liu et al.，1993，1994；Li et al.，2011）。②长期而稳定的风尘沉积的存在除了有持续的粉尘搬运和沉降过程外，还需要有稳定的相对平坦和构造稳定的地面接受沉降免受后期侵蚀破坏。黄土高原在六盘山以西从晚渐新世—早中新世就开始接受粉尘沉积（Guo et al.，2002；Qiang et al.，2011），而现有研究表明，黄土高原东部大规模的风成红黏土沉积是到晚中新世8～7 Ma前才开始的（Ding et al.，1998；Sun et al.，1998）。除了北极冰盖扩张，全球变冷和全球大气环流改变，冬季风在8 Ma左右加强，提供了更多的粉尘沉积之外，还有一个重要的构造原因就是作为黄土高原基底的鄂尔多斯地块在8 Ma左右结束了白垩纪以来的长期抬升开始沉降接受沉积，完成了从盆地向高原的转型（岳乐平等，2007），红黏土沉积才可以比较完整地保存下来；而与此同时，整个鄂尔多斯盆地构造格局上也由原来的东升西降发生构造反转变为西升东降（刘池洋等，2006），此时西部的祁连山和六盘山都可能发生了抬升剥蚀（宋友桂等，2000；Zheng et al.，2006；刘建辉等，2010），秦安剖面6.2 Ma以来的沉积缺失（Guo et al.，2002）可能就与这段时期之后六盘山地区的构造抬升引起的剥蚀有关（Wang et al.，2017）。

黄土广泛分布在地球温带地区沙漠边缘的半干旱地带，除南极洲外各大洲均有不同面积分布，中国黄土分布面积约63×10^4 km^2，占陆地国土面积的6.6%（刘东生等，1985；图1.4）。中国黄土主要集中在秦岭以北黄河中游的黄土高原地区，包括陕西北部、甘肃东部、山西西部和河南西北部（Li et al.，2020）。黄土沉积以其分布范围广、厚度大、连续性好等特点成为古环境重建和恢复的理想载体，它详细记录了第四纪2.6 Ma以来的气候变化历史，与深海沉积物和极地冰芯一起被称为过去全球变化和古气候研究的三大支柱。从20世纪50年代中期开始，以刘东生、安芷生和丁仲礼为代表的中外学者对其进行了深入的研究，取得了世界领先的学术成果（刘东生等，1985；An et al.，1990，1991 a，1991b；Ding et al.，1992，1994）。

从20世纪80年代末开始，研究者们开始关注第四纪以前的新近纪红黏土沉积（Liu et al.，1989；赵景波，1989；Zheng et al.，1992），红黏土也叫“三趾马红土”，主要分布于黄土高原东部，底界8～7 Ma不等，下伏于黄土-古土壤之下（Sun et al.，1997，1998；Ding et al.，1998；Qiang et al.，2001）。2002年以来，研究人员又在黄土高原地区发现了更老的中新世风尘沉积，Guo et al.（2002）证明了在黄土高原西部秦安地区的一套22～6.2 Ma的地层为风尘沉积的黄土，这样一来就将风尘沉积时代从8～7 Ma晚中新世向前大大推进到了早中新世的22 Ma，同时也指示了亚洲内陆干旱化和东亚季风至少在这时已经出现（Guo et al.，2002；郭正堂，2010）。Xu et al.（2009）在黄土高原东缘山西石楼发现了底部年龄为11 Ma的风成红黏土沉积，在此之前六盘山以东的黄土高原东部地区最古老的风尘沉积年龄只有8.35 Ma，在黄土高原南部最老的风尘沉积也只有～7 Ma，远远小于黄土高原西部地区。对于造成这种风成红黏土在黄土高原东西部沉积年代上的巨大差异的原因迄今尚未得到有效解释，回答这个问题对理解黄土高原粉尘沉降开始的时间以及所代表的亚洲内陆干旱化的起始时间都有重要意义。

作为风尘沉降区的北太平洋深海沉积和黄土高原西部秦安等地区已经发现了早中新世甚至更老的风尘沉积（Rea，1994；Rea et al.，1998；Guo et al.，2002；Qiang et al.，2011），然而前人研究却表明作为粉尘物源的西北内陆干旱区干旱化开始时间却发生在晚中新世—上新世（Sun and Liu，2006；Sun et al.，2009；Chang et al.，2012），粉尘源区干旱化远远小于沉降区粉尘开始沉积的年代，这是很不合理的现象。而大规模亚洲粉尘沉降及亚洲内陆干旱化何时开始？现代意义上东亚季风系统的建立时间何时开始以及8 Ma以来东亚季风的强度如何变化？学术界对于这两个问题目前仍然还是众说纷纭，存在很大争议（例如：An et al.，2001；Guo et al.，2002；Sun and Wang，2005；Liu et al.，2009；Passey et al.，2009）。

2010年南京大学陈骏教授主持的基金委创新研究群体项目，主要关注“亚洲风尘系统起源、沉积与风化的地球化学研究”问题。渭河盆地位于黄土高原南缘，边缘地区有大量完整连续的风尘沉积序列，盆地中心也有厚层的河湖相沉积，同时位于连接西北内陆干旱物源区和北太平洋粉尘沉降区的关键枢纽位置，其中可能记录着新生代季风演化和粉尘沉降的历史环境信息，有可能为解开“亚洲粉尘起源沉积之谜”提供重要线索。以往的古环境研究仅限于盆地边缘约8～7 Ma以来的风成红黏土-黄土-古土壤沉积研究，而未能对更老的沉积物开展古气候信息研究，对盆地中心厚层河湖相（尤其是湖相）沉积可能蕴含的古环境记录缺乏足够关注和重视。位于渭河盆地东南缘的蓝田地区既有已经得到充分研究的晚中新世以来的风尘沉积，又有厚层河湖相沉积，结合在盆地中心完成的长度超过1000 m的卤阳湖科学钻探岩芯，为深入研究东亚季风区新生代古环境演变历史提供了绝佳的材料。

1.1.3 蓝田地区新生界

欧亚大陆的长尺度陆相沉积地层序列因为包含了跨越不同时间阶段古环境和古气候演化的信息记录而受到地质学家、古气候学家和古生物学家的普遍重视和青睐，在没有有效的放射性测年材料时，陆相地层可以用磁性地层学来定年。但是陆相地层的信息质量经常会受到构造运动和气候变化等因素导致的沉积间断、地层剥蚀和化石短缺等不足所影响，相比于能提供连续沉积而没有间断化石记录的海相地层略有缺憾。另一方面，海相沉积因为沉积速率低而只有有限的分辨率而且取样成本相当高昂，陆相地层记录具有更高时间和空间分辨率的优势，在研究一些重要构造和气候变化事件时具有重要的价值。欧亚大陆特别是在印度-巴基斯坦和地中海地区有大量含丰富生物化石的陆相沉积地层，它们提供了新近纪动物群化石、古环境和沉积历史的良好记录。目前在地质和古生物学领域研究最充分的陆相新近纪地层是在喜马拉雅山南麓沿着巴基斯坦和印度最北侧出露的西瓦里克群（Siwaliks）（Badgley and Behrensmeyer，1995），西瓦里克群主要由中中新世到上新世冲积和河流相连续陆相碎屑沉积组成，其中包含大量哺乳动物和微体古生物化石，记录了新近纪喜马拉雅山隆升和南亚气候环境变化的重要信息（例如：Flynn et al.，1990；Badgley and Behrensmeyer，1995；Barry et al.，2002）。

在中国北方广泛发育和分布新生代陆相沉积地层，其中包含有数量众多的古脊椎动物化石可以用来建立生物地层年代。然而尽管古生物学家对中国化石研究已经超过一个世纪，但系统的新生代地层学研究是从20世纪70年代后期才真正开始的（Qiu and Qiu，1995），这其中很大程度上是因为相当一部分古脊椎动物化石来自地表或者出露在地层年代很难准确测定的地区，经常会受到缺乏化石产地准确位置信息和缺乏火山岩定年材料的限制（Kaakinen，2005）。随着在20世纪90年代以来对一些关键剖面应用磁性地层学与标准磁极性柱的对比进行测年研究，含有准确地层学年代的信息开始不断增加。由于中国广大新生代沉积盆地地层中普遍缺乏可以用于同位素测年的火山灰等物质，对新生代剖面化石群的磁性地层年代学控制还是存在较大局限，目前研究比较充分的主要是哺乳动物化石种类和数量都极为丰富的榆社盆地（Tedford et al.，1991，2011；Qiu and Qiu，1995；Flynn et al.，1997）和临夏盆地（Fang et al.，2003；邓涛，2004；Deng T.，2013），除此之外的大部分新生代盆地连续而可靠的地层年代序列还没有被有效地建立起来。

由于秦岭和骊山山脉新生代的掀斜隆升，在渭河盆地南缘蓝田—渭南地区出露了上千米厚的近乎连续完整的新生代地层。对蓝田地区最早的地质调查开始于20世纪50年代末，刘东生等通过对白鹿塬地区一个月的野外考察命名了该地主要地层单元名称，并延用至今（刘东生等，1960）。20世纪60年代中国科学院古脊椎动物与古人类研究所联合相关单位配合“蓝田人”化石的发现开展的“蓝田新生界”地质大调查，组织了国内数十家地学院系和研究单位进行了地质、地貌和古生物等领域的联合攻关，代表了当时最高的研究水平（张玉萍等，1964，1978；贾兰坡等，1966），在接下来的几年里，以中国科学院古脊椎动物与古人类研究所和中国科学院地质研究所为主的中国古生物学家和地质学家开始在蓝田地区（包括蓝田、临潼和渭南）展开系统的地质大调查并进行了精细的古生物发掘和地质填图。此次调查对整个渭河盆地南缘蓝田—渭南地区的新生代典型剖面和地层古生物进行了比较深入的研究并获得系统认识。研究成果包括：野外活动发现了大量哺乳动物化石点，其中在公王岭得到了“Homo erectus”（猿人）下颌骨化石，在陈家窝发现了古人类牙齿化石，绘制了蓝田地区大比例尺新生代沉积地质图（贾兰坡等，1966）。1964年在西安召开了陕西蓝田新生界现场会议，当时命名确定的几乎所有地层单位和名称都沿用至今（贾兰坡等，1966；张玉萍等，1978）。

随后这里经历了一段持续20多年相对低潮的研究时期，主要研究对象局限于哺乳动物化石的发掘，其他领域没有实质性进展。一直到20世纪80年代以后，随着过去全球变化研究的进展，对盆地周缘的黄土和红黏土沉积开展的地层学和古气候学研究，在古季风演化和亚洲风尘起源两大科学问题上取得了国际瞩目的成果（刘东生，1985；An et al.，1991；Ding et al.，1992；Guo et al.，2002）。

在20世纪90年代末至2000年初，中国科学院古脊椎动物与古人类研究所与芬兰赫尔辛基大学联合开展了中芬国际合作项目，这项计划包括两个阶段，分别命名为：“新近纪欧亚大陆哺乳动物：问题导向的在安纳托利亚和中国的野外行动（1996—1998）”和“新近纪欧亚大陆环境的物理和生物变化（1999—2001）”，都是受芬兰科学院和中国国家自然科学基金委联合资助。在蓝田的野外工作集中在1997—2001年期间进行。在早期阶段，野外计划作为赫尔辛基大学和中国科学院古脊椎动物与古人类研究所的双边合作而仅有这两家单位参加，不久后它吸收了来自美国和欧洲不同国家的多个国际一流大学和研究所（包括巴黎自然博物馆、瑞典自然历史博物馆、剑桥大学、得克萨斯大学奥斯汀分校、犹他大学）的国际专家加入（Kaakinen，2005）。蓝田项目的第一阶段目标是提供应用现代化多种手段对东亚晚中新世地层剖面进行详细的物理和生物变化的研究资料。第二阶段目标是汇编一份中国哺乳动物化石点和化石的数据库以便应用NOW（Neogene of the Old World）数据库和标准在大陆尺度分析欧亚大陆哺乳动物化石和环境（Fortelius et al.，2009）。这项工作着眼于对比和应用总结不同指标证据反映的古环境解释以辨别晚新近纪区域规模与大陆尺度的环境变化，包括青藏高原隆升和亚洲季风环流的发展及对哺乳动物化石所反映的古生态系统的影响（Kaakinen，2005）。

在中国对化石尤其是陆相哺乳动物化石的研究有着悠久的历史，几千年之前化石就曾被作为“龙骨”广泛应用于中药之中。迄今在中国发现的晚中新世陆相哺乳动物化石已超过200多种（Fortelius et al.，2004，2006；Fortelius，2009；Zhang et al.，2013），几乎涵盖了同一时期欧亚大陆的所有哺乳动物种类的总和。沿陕西蓝田灞河地区出露的沉积地层是研究晚中新世哺乳动物生物地层学的最佳地点之一，刘东生等（1960）最早在此命名了灞河组，认为其为早上新世沉积。之后半个世纪以来，对其时代认识有很大分歧，李传夔等（1984）认为其属于晚中新世，将其单独定为“灞河期”；但Qiu和Qiu（1995）则认为其哺乳动物化石数量偏少，不足以单独成期，而把其归入“保德期”。在20世纪90年代，一些主要关注秦岭山脉隆升历史以及渭河盆地演化的地质和构造调查研究，涉及了蓝田地区（Bellier et al.，1988，1991；Zhang et al.，1995），同时利用磁性地层学方法提高了对蓝田黄土–古土壤和红黏土地层的年代学认识（Zheng et al.，1992；岳乐平，1995；Sun et al.，1997；安芷生等，2000），但是研究未扩展到下伏的灞河组沉积。

自20世纪60年代蓝田地质大调查之后，一直到中芬国际合作项目启动之前，学界对蓝田新近纪地层中古脊椎动物学和地质学详细的研究调查还没有恢复开展过，随后自从中芬合作项目首批结果报道以来（Zhang et al.，1999，2002；Kaakinen and Lunkka，2003），项目研究者已经发表了大量关于他们发现的小型哺乳动物（Qiu et al.，2003；Qiu et al.，2004a，2004b）、牛科等大型哺乳动物（Zhang，2003；Chen and Zhang，2004）、沉积学和埋藏学的论文（Kaakinen and Lunkka，2003；Andersson and Kaakinen，2004）以及年代学和古环境研究的文章（Kaakinen，2005；Kaakinen et al.，2006；Zhang et al.，2013）。研究认为在约7 Ma灞河组向蓝田组转变的界限附近，不仅在沉积相上从河流相为主转变为风尘沉积（蓝田组底部夹杂部分河流相砂砾），哺乳动物组合类型发生了重大转变，气候环境也从较干旱的草原环境转变为湿润的森林环境（Kaakinen et al.，2006；Zhang et al.，2013）。但是对于灞河组的年代问题还是存在很大争议，而对灞河组的准确年代厘定将有助于深入理解渭河盆地沉积演化历史，也有利于加强灞河组与欧亚地区古生物化石的区域对比。

综上所述，前人对渭河盆地的研究虽然取得了很多进展，但概括起来仍然有5个大的科学问题尚未解决：

1）渭河盆地形成和发育的动力学机制。印度板块向北俯冲导致青藏高原隆升的应力传递对渭河盆地形成和发育产生了重要影响（Peltzer et al.，1985），但太平洋板块向西运动及相应的华北克拉通破坏、深部壳幔作用等事件对盆地演化的影响以及各种应力之间的相互关系还远未得到深入研究。

2）渭河盆地沉积演化过程、充填模式和地层序列。对于盆地的发育过程和充填模式还缺乏深入剖析，现有研究多是建立在个别剖面和钻井资料基础上的间接推测，缺乏从物源分析和盆地模拟角度系统反演盆地发育演化的时间和空间模式。新生代地层序列缺乏准确的年代界定，除了黄土–古土壤、蓝田组和灞河组整体研究比较深入，已有明确的年代外，对之前更老的地层序列的认识还停留在20世纪六七十年代的生物地层学水平。

3）盆地发育与外流水系之间的关系。盆地周边露头剖面和中心钻井资料都反映出渭河盆地新生界总体上为一套河湖相交替沉积，而在晚新生代出现大量风尘沉积。沉积相的变化与水系发育关系密切，同时盆地的发育模式又制约着水系的发育和演化，黄河、渭河外流水系发育过程与盆地演化的关系亟待重新认识。

4）秦岭新生代隆升的环境效应与盆山耦合过程。迄今为止对秦岭的研究主要集中于中生代及以前（Zhang et al.，1996；张国伟等，2001；Dong et al.，2011），对新生代秦岭如何演化研究相对薄弱，需要从盆山耦合角度对渭河盆地新生代沉积进行深入研究，探讨盆地沉积记录的秦岭新生代隆升过程和环境效应。

5）黄土高原地区风尘沉积开始的具体时间。如前所述黄土高原东西部风尘沉积在开始时间和持续阶段上都有很大的差异，因而使得研究者对亚洲内陆干旱化和现代意义东亚季风的起始时间和演化历史也都存在很大争议。清楚认识黄土高原粉尘沉积开始时间、沉积范围变化和影响因素将对理解前两个大的科学问题具有很大的帮助。

渭河盆地边缘露头剖面和中心厚层新生代沉积地层为解决上述科学问题提供了可能，作者在前人研究基础上，经过多次野外踏勘和多种室内分析实验手段，重点开展以下三方面工作：

1）渭河盆地新生代沉积和演化的盆山耦合过程。

2）灞河组的磁性地层年代学研究。

3）蓝田白鹿塬地区段家坡剖面晚新近纪的风尘沉积序列。

1.2 研究方法和技术路线

1）文献调研和野外考察的传统地质分析方法：在广泛收集和阅读前人公开发表论文、专著、钻井和地球物理探测资料的基础上，对新生代地层出露完好的渭河盆地南缘蓝田—渭南地区和盆地北缘富平—蒲城北山地区进行大量野外地质考察。梳理和厘定了渭河盆地新生代沉积地层序列，并重新分析论述了渭河盆地基底时代和发育演化过程。

2）磁性地层学方法：通过详细的古地磁采样与前人的哺乳动物化石定年相结合，利用生物地层和磁性地层学方法重新确定灞河组准确的地质年代。在没有有效的放射性年代时，陆相地层可以用磁性地层学来定年，应用基于海底磁异常的标准磁极性柱（GPTS）（Cande and Kent，1995）。磁性地层学可以在生物地层学之外为沉积物提供一个详细和长尺度的年代框架，因此，它是一个非常有效且应用极广的确定陆相地层与海相记录年代的测年方法。

3）地球化学方法：通过对灞河组疑似风尘沉积层位的主微量元素、稀土元素（REE）和Sr–Nd同位素进行测量并与上部典型黄土–古土壤和红黏土进行对比，确认灞河组中粉砂组分为风成远源物质。

4）粒度分析：沉积学中常用于沉积物的粒径分析，可以反映其搬运动力和输送过程，在黄土–古土壤序列古气候研究中被大量应用，粒度指标已经成为判别冬季风强度的重要代用指标。

5）盆山耦合思想：在上述研究基础上，考虑区域构造格局和应力背景，进行盆地发育演化和变形改造研究，将渭河盆地与鄂尔多斯–黄土高原和秦岭造山带的发育演化结合起来通盘考量进行盆山耦合研究；在区域构造地貌变化的基础上认识风尘沉积的堆积环境，通过磁性地层学确定年代，用粒度分析和地球化学方法论证风成成因并初步判断物源，进一步剖析构造活动引起下垫面地貌格局改变对风尘沉积环境和过程的制约和影响。

1.3 开展的主要工作

开展的主要工作如表1-1所示。

1）资料收集：查阅国内外相关文献500余篇，专著30余部；收集研究区不同比例尺地质图件20余幅；油田、水文钻井资料20多口。

2）野外地质考察与采样：从2011年开始，先后多次对陕西渭河盆地、黄土高原、秦岭山脉，河南三门峡、山西汾河盆地、甘肃天水盆地、新疆塔里木盆地进行野外考察，考察对象包括新构造发育、沉积构造、新生代地层、河流阶地、晚新近纪风成黄土-红黏土等，拍摄了大量照片并采集古地磁、粒度、地球化学、重矿物样品。

表 1-1a　主要工作量统计表：野外工作

工作时间、地点	工作内容	主要参与人员
2011.8.1—8.15 新疆莎车阿尔塔什	野外踏勘及采样	魏晓椿、王斌
2011.8.20—9.10 内蒙古额济纳，甘肃祁连山	黑河流域地貌、气候和生态系统综合考察	中德联合考察队
2011.11.15—11.25 黄土高原蓝田、灵台、旬邑和会宁剖面	采集有机生标样品	周斌、王斌等
2011.12.5—12.15 河南邙山、温县，陕西洛川	采集黄土样品，黄河中游浅钻实验，收集黄河中游地质水文资料	王斌、何忠
2012.2河南郑州、洛阳、三门峡，山西运城，陕西渭南、蓝田	黄河中游阶地和三门组野外踏勘	王斌、何忠、陈宇亮
2012.3—11月 陕西渭南蒲城（期间4.20—6.5 蓝田段家坡）	卤阳湖科学钻探 灞河组古地磁、粒度、地球化学、孢粉等采样	王斌、何忠、周新郢、陈宇亮、杨林海、赵克良、季军良、魏晓椿等
2012.12.1—12.15 陕西蓝田	野外踏勘	王斌
2013.5.10—5.20 陕西蓝田、渭南	地层测量、沉积相描述	王斌、王平
2013.7.1—7.3　河南邙山	采集黄土中的蜗牛化石	王斌、John Mering、姚鑫雅

表 1-1b　主要工作量统计表：测试分析

测试内容	测试仪器	测试数量	实验完成人
古地磁	2G-755R U-channel超导磁力仪	621	王斌
磁化率	Bartington MS2	621	王斌
磁化率各向异性	AGICO MFK1-FA卡帕桥多频磁化率仪系统	100	王斌
粒度	Mastersizer 2000	400	王斌、唐帅
主量元素	Philips XRF	28	王斌、陈玉美等
微量和稀土元素	ICP-MS	16	王斌
Sr-Nd同位素	MC-ICP-MS	10	王斌、魏晓椿
重矿物鉴定	重液浮选	20	河北地勘局廊坊实验室
孢粉鉴定	重液浮选、显微镜	30	周新郢
扫描电镜	SEM	10	南京湖泊所

3）实验测试：古地磁热退实验、粒度分析、地球化学（主微量元素，REE，Sr–Nd同位素）。

1.4 主要结论及特色创新

在地球系统科学和盆山耦合思想指导下，通过对渭河盆地新生代沉积地层和晚新近纪风尘沉积的研究，得出以下三点主要创新认识和结论：

1）渭河盆地新生代的断陷发育与秦岭造山带和黄土高原的发育演化在时间和空间上具有协同一致性，有紧密的盆山耦合关系，与新生代印度板块对欧亚板块碰撞挤压的远程应力传递有关；对渭河盆地新生代沉积地层进行了重新梳理和厘定：强调渭河盆地中心湖相三门组与盆地边缘风尘成因的蓝田组红黏土是同期异相沉积，没有地层上下和时代先后关系，主张取消游河组和张家坡组，将其重新划归入三门组；将蓝田组底砾岩划入灞河组。

2）利用详细磁性地层学研究确定段家坡剖面灞河组底界年龄为11 Ma，通过野外沉积学观察和粒度、地球化学及同位素方法证明灞河组存在大量风成粉砂沉积，将黄土高原南缘风尘沉积历史从蓝田组底界7 Ma向前推进4 Ma，建立了黄土高原南缘11 Ma来相对连续的风尘沉积序列。

3）恢复重建蓝田地区晚新近纪风尘沉积过程并结合黄土高原地区东西部风尘沉积研究成果，强调黄土高原晚新生代风尘沉积的出现不仅仅是东亚和全球气候变冷和古大气环流改变的结果，也是区域构造格局改变引起地貌形态重塑从而制约粉尘沉积和保存环境的产物。地表下垫面为风尘沉积提供适宜的沉积场所，构造环境是否稳定能否避免风尘沉积遭受后期强烈侵蚀和破坏是风尘沉积能否长久保存下来的关键因素。

2 渭河盆地新生代沉积演化

2.1 渭河盆地区域地质背景

渭河盆地北临鄂尔多斯高原（黄土高原），南接秦岭造山带，西端与鄂尔多斯西南断裂系相连（刘护军，2004），在东北方向与汾河盆地连通，合称汾渭盆地（汾渭地堑）（图2.1）。渭河盆地所处的地理和地质构造位置极为重要，正好处于北部的欧亚板块系统、西南部的特提斯板块系统和东部环太平洋板块系统三大构造域辐合地带（王斌等，2013）。

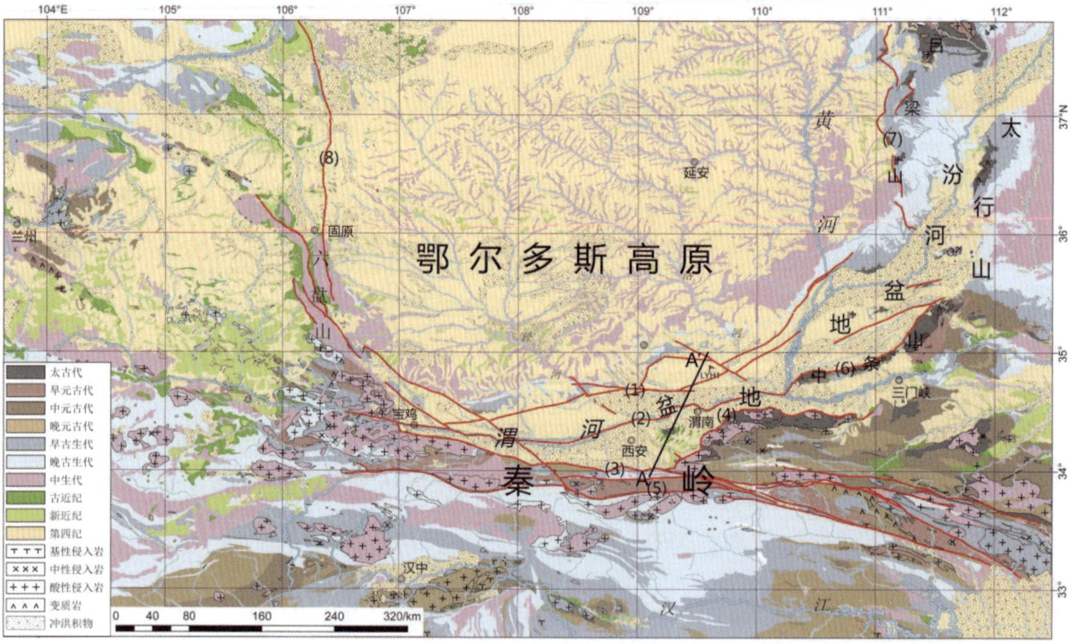

图2.1　渭河盆地区域地质图

（据Wang，1987；陕西省地质矿产局，1989）

（1）渭河盆地北缘断裂带；（2）渭河断裂；（3）秦岭北缘断裂；（4）华山山前断裂；（5）秦岭断裂带；（6）中条山北麓断裂；（7）离石断裂；（8）鄂尔多斯高原西缘断裂；AA'—剖面位置；LYH1—卤阳湖科学钻探位置

渭河盆地以北的鄂尔多斯地块主体部位黄土高原是一个相对稳定的地质构造单元，在地史时期很少发生褶皱、断裂和地震活动（Liu and Yang，2000；Zhang et al.，1998）。鄂尔多斯地区在中生代时期是一个在华北克拉通基底上发育的大型内陆盆地，沉积了大面积的晚三叠世至白垩纪地层，直至新近纪晚中新世约8 Ma前盆地发生整体地貌形态的构造转型和东西部地形的构造反转，由先前的西升东降变为西降东升，盆地整体开始沉降接受风成红黏土沉积形成“红土高原”（刘护军，2004；刘池洋等，2005；王斌等，2017）。大约2.6 Ma前进入第四纪以后，全球气候发生剧烈变化，整体从上新世暖湿环境变得更为冷干，鄂尔多斯地区在原来红土高原的基础上广泛接受风成黄土–古土壤序列沉积；黄土高原地表也因黄土沉积在继承古地形的同时，遭受后期强烈侵蚀切割而形成沟壑纵横的黄土地貌景观（金钊，2020）。

渭河盆地南部是秦岭造山带，它经历了漫长复杂的造山过程。在晚三叠世的印支运动时期，由于扬子板块与华北板块的碰撞使得秦岭造山带脱离海洋开始隆升造山（张国伟等，2001；Dong et al.，2011；孟庆任，2017）。秦岭中生代以断裂和断块活动为主，在山脉内部形成了一系列断裂控制的狭小山间盆地，并伴随有多期次大规模岩浆侵入活动（张国伟等，1996，2001；Dong et al.，2011）。现今，秦岭在地形上表现为向北翘起向南掀斜即“北仰南俯”的构造活动特征（Dong et al.，2022）。秦岭平均海拔2000 m，是我国中东部地区明显的南北地理分界线，最高峰太白山海拔3767 m，是中国东部大陆地区最高的山峰（刘护军，2004；张百平，2019）。秦岭山地以断层三角面与渭河盆相接（图2.2），发源于秦岭山自南向北流向的水系，流程短，切割深，河谷的纵比降大，在盆地中部汇入渭河最终东流进入黄河。

图2.2　渭河盆地南缘盆山地貌格局，远处为秦岭山脉

渭河盆地夹持于秦岭造山带和鄂尔多斯高原之间（图2.1，图2.3），秦岭造山带和鄂尔多斯高原的构造活动直接影响并共同制约了渭河盆地断陷、发育的全过程，也为其提供了重要的物质来源。秦岭造山带和鄂尔多斯高原的构造事件和构造变动，在渭河盆地均有相应的沉积记录（崔盛芹和李锦蓉，1986；Wang，1987；国家地震局鄂尔多斯活动断裂系

课题组，1988；韩恒悦等，2001；胡孟春，1989；王建强，2010；张朝锋，2011；李智超等，2015；王斌等，2013，2017 ；图2.3 ）。图2.4是自北往南跨越了鄂尔多斯高原、渭河盆地和秦岭三大构造单元的地震台阵测深偏移叠加深度剖面，从图中可以明显看到鄂尔多斯高原地壳厚度最大约40 km，秦岭造山带根部地壳略浅，约为30 km，渭河盆地地幔隆起，地壳厚度只有约25 km，比鄂尔多斯高原和秦岭造山带都要薄，并向南北两侧逐渐过渡加厚，暗示了下地壳-上地幔物质的垂直运动可能也对渭河盆地的发育演化产生了重要影响。

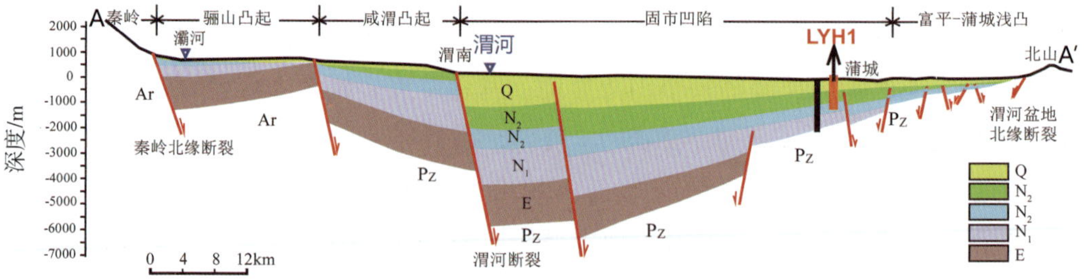

图2.3　渭河盆地南北向横剖面图

（修改自Wang，1987）

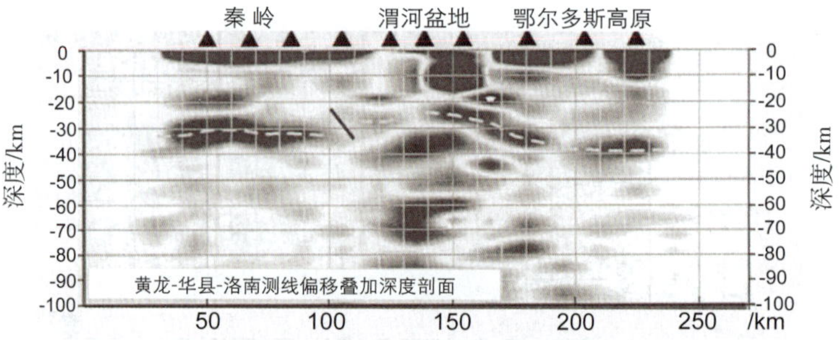

图2.4　黄龙—华县—洛南测线偏移叠加深度剖面

（据王良书，2008，转引自王建强，2010）

2.1.1　前新生代基底

渭河盆地的前新生代基底呈南深北浅的坳陷，坳陷轴呈NE方向展布。地球物理、钻井和周边露头资料共同表明渭河盆地的基底以渭河断裂为界分为南北两大区（图2.3；Wang，1987；王建强，2010；张朝锋，2011；王斌等，2013）。渭河以北基底主体是早古生代地层，主要为奥陶纪灰岩或浅变质岩与残存的晚古生代煤系地层，局部地区为新元古界片岩、零星残留的上古生界、中生界；南部基底主要由太古宇、元古宇变质岩和加里东期—燕山期的花岗岩组成。以临潼-长安断裂为界将南部基底进一步划分为东部太古宇变质岩区和西部元古宇变质岩区（王建强，2010；张朝锋，2011；王斌等，2013）。

2.1.2　主要断裂

渭河盆地断裂发育，以近东西向断裂为主，3条涉及基底的主干断裂控制了盆地边界和内部次级断块及地形地貌单元，分别是秦岭北缘断裂、渭河断裂、渭河盆地北缘断裂，是盆地发育演化的控盆断裂（胡孟春，1989；彭建兵等，1992；王斌等，2017）。其中，盆地南侧与秦岭造山带以秦岭北缘大型正断层分界，北侧以渭河盆地北缘断裂与鄂尔多斯高原为界，盆地内部主干断裂为隐伏的渭河断裂，沿渭河河道东西向延伸（图2.1，图2.3，图2.5）。这3条断裂是整个渭河盆地发育演化的主控断裂，受其影响盆地形成近东西向展布。此外，盆地内部还分布10余条较大的NE-NNE向和NW向张性正断裂，这些断裂作为构造基础骨架控制了渭河盆地内部的构造、沉积格局，形成典型的地堑构造（Wang，1987；国家地震局鄂尔多斯活动断裂系课题组，1988；徐煜坚等，1988；张宏卫

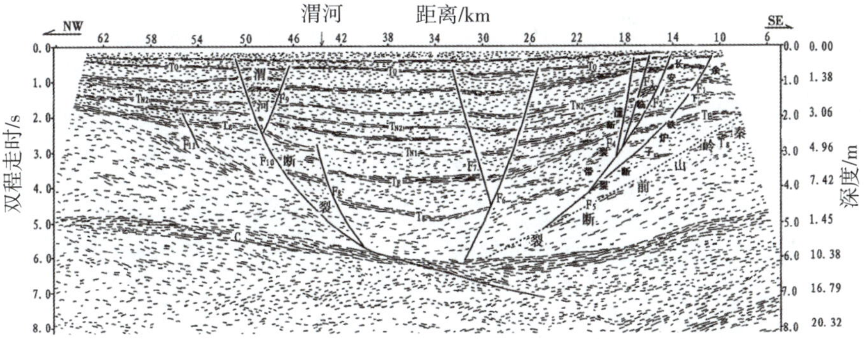

图2.5　渭河盆地断裂深部地震反射剖面解译图
（据冯希杰，2008）

图2.6　蓝田支家沟发育的小型正断层，白鹿塬组下部地层被错断

和邓起东，1992；冯希杰等，2008）。蓝田地区临近山前，发育多个小型断裂，地形较为破碎（图2.7），图2.6即为骊山南侧支家沟白鹿塬组下部一小型正断裂，白鹿塬组地层被错断。

2.2 渭河盆地新生代地层序列

由于秦岭和骊山在新生代发生了大规模掀斜抬升，渭河盆地南缘蓝田、渭南地区发育了在我国非常罕见的连续完整的新生代地层剖面（图2.7，图2.8）。对渭河盆地新生界的系统研究始于刘东生等1959年在陕西蓝田地区的地层研究工作，当时根据采集到的古脊椎动物化石认为蓝田地区至少包括始新统—渐新统、中新统和上新统三个时期的沉积物，并首次建立了白鹿塬组、寇家村组、灞河组和蓝田组等地层单元，一直沿用至今（刘东生

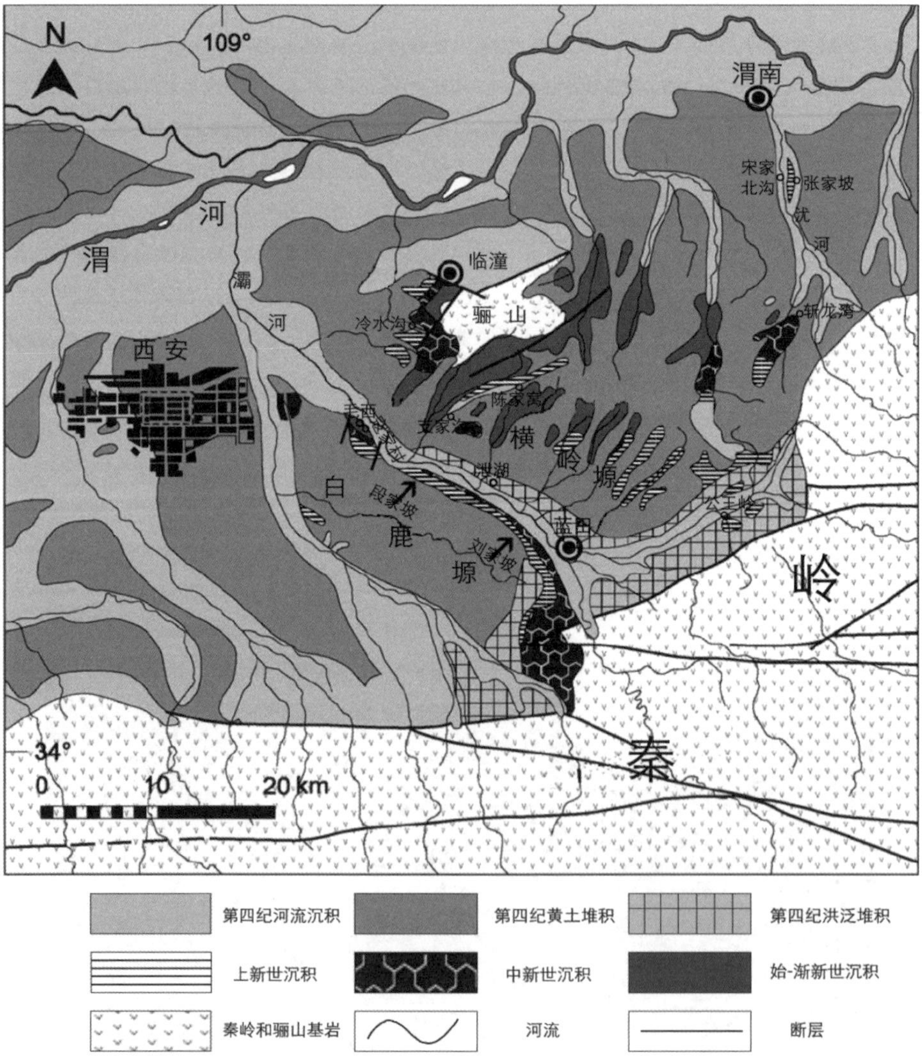

图2.7 蓝田—渭南地区新生代沉积地层分布和典型剖面位置图
（据Kaakinen and Lunkka, 2003）

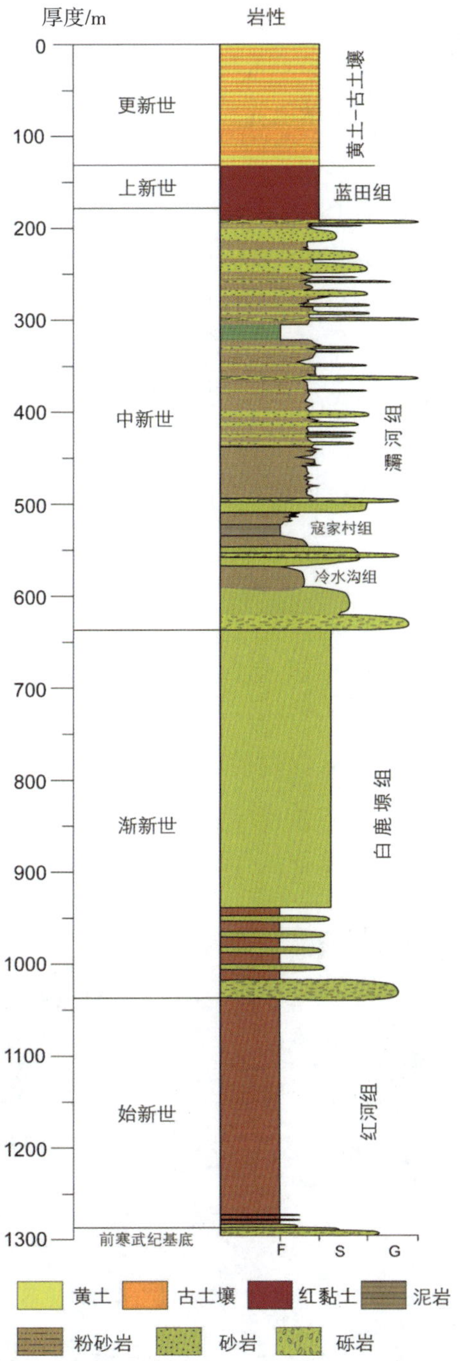

图2.8 渭河盆地南缘地层岩性柱

（据张玉萍等，1978；陕西省地质矿产局, 1989；刘护军和薛祥煦，2004）

等，1960）。随后，20世纪60年代中国科学院古脊椎动物与古人类研究所联合相关单位配合"蓝田人"化石的发现开展了"蓝田新生界"地质大调查（张玉萍等，1964，1978；贾兰坡等，1966），并于1964年在西安召开了陕西蓝田新生界现场会议（贾兰坡等，1966；张玉萍等，1978）。

20世纪80年代以后，随着全球变化和黄土古气候研究成为全球热点，盆地周缘的黄土和红黏土沉积得到深入的地层学和古气候学研究，中国学者在国际第四纪领域取得了国际瞩目的领先成果，黄土记录成为国际古气候界的标准曲线之一（刘东生，1985；An et al.，1991；Ding et al.，1992；Zheng et al.，1992；岳乐平等，1996；Sun et al.，1997；Guo et al.，2002；安芷生等，2000）。此外，孙建中等（1986，1988）和岳乐平等（1996）对盆地中心的湖相三门组地层也进行了沉积学和年代学研究。但随着研究的逐步深入，发现早期确立的地层内涵和具体时代都存在一些问题和争议，本书基于多次野外考察在前人认识的基础上（刘东生等，1960；张玉萍等，1964，1978；贾兰坡等，1966；孙秀玉等，1980；李传夔等，1984；陕西省地质矿产局，1989；全国地层委员会，2002；刘护军，2004；刘护军和薛祥煦，2004；夏勇，2007；鹿化煜等，2018；宋友桂等，2021）对渭河盆地新生代地层系统进行了重新梳理和部分修订，具体划分方案和地层岩性描述如下。

2.2.1 红河组

张玉萍等（1978）于1964年在蓝田支家沟建立并命名红河组，当时年代初步定为晚始新世。代表剖面在陕西蓝田支家沟上游，厚260 m，主要出露在骊山东南及西南山麓冲沟的中上游部位，岩性为紫红色泥岩夹黄色、灰绿色砂岩，中上部夹灰绿色泥岩，底部为暗红色或黑褐色砾岩、角砾岩（图2.9），产红河熊雷兽*Arctotitanhong-hoensis*、似德式貘 cf.，*Deperetella* sp.，短齿貘属*Breviodon* sp.等奇蹄目哺乳动物化石（刘护军与薛祥煦，2004；

图2.9　蓝田支家沟红河组典型剖面，右下角小图显示红河组中普遍发育的“网纹化”

王斌等，2013）。该组与下伏前震旦系基岩为角度不整合，与上覆白鹿塬组为平行不整合（张玉萍等，1978）。红河组岩性总体偏细，反映沉积时期水动力较弱，为静水河流相和湖相交替沉积，整体表现为入湖河流三角洲沉积。根据红河组中雷兽类动物化石在内蒙古二连盆地中始新世晚期地层广泛出现和貘类分布在始新世而将其定为中始新世晚期—晚始新世（刘护军和薛祥煦，2004；王斌等，2013）。

红河组岩性和时代与始新统卢氏阶相当（全国地层委员会，2002），在时代上与河南卢氏组、内蒙古四子王旗伊尔丁曼哈组、云南路南路美邑组和山东官庄组大致同期。王元青等（2010）根据新的古地磁资料和哺乳动物化石认为早期划分的“伊尔丁曼哈组”实际应为“阿山头组”，相应的阿山头期延续时间为早始新世（54.8 ~ 47.6 Ma），对应于国际地质年表中伊普里斯期（Ypresian）中晚期至鲁帝特期（Lutetian）最早期。因此，红河组时代也应该调整为早始新世为宜。在野外考察中发现红河组中有大量灰白色条带（图2.9），类似于现今广泛分布于长江中下游地区的“网纹红土”，表明其在沉积成岩过程中受到过强烈的淋溶，可能暗示红河组沉积于比今天更为暖湿的亚热带气候环境下，除了全球气候当时比较暖湿外，据此可以进一步谨慎推测当时秦岭可能远未隆升到现在的高度，还不足以对来自南方的暖湿气流形成屏障。

2.2.2 白鹿塬组

刘东生等（1960）于1959年在灞河南岸西安灞桥毛西—毛东村白鹿塬底部建立并命名白鹿塬组，将其年代定为始新世—渐新世。但后来研究发现在毛西—毛东一带零星出露的只是白鹿塬组顶部地层，而其典型代表剖面在灞河北岸骊山南侧陕西蓝田支家沟，上覆于红河组之上，厚约400 m，岩性为灰白色块状中粗砂岩夹棕红色粉砂质泥岩，为近源辫状河流相沉积（图2.10），受后期构造活动影响，发育宽缓褶曲，底部部分层位被断裂错断（图2.6）。灞河组主要产哺乳动物化石：灞河西安两栖犀*Sianodon bahoensis*，古兔类，泄湖蓝田猴*Lantianius xiehuensis*和植物化石：羽叶旱梅*Palibinia pinnatifolia*、小叶旱梅*P. korowinii*和宽叶旱梅*P. latifolia*（张玉萍等，1978）。白鹿塬组和下伏红河组为平行不整合，之间有一层侵蚀面，两者岩性和化石组合都有明显的差异，与上覆冷水沟组为角度不整合，其时代为晚始新世—早渐新世（刘护军和薛祥煦，2004；张玉萍等，1978），大致与上始新统蔡家冲阶或下渐新统乌兰布拉格阶相当（全国地层委员会，2002）。

白鹿塬组白色砂岩中夹杂着大量红色泥砾，直径可达20 ~ 30 cm，可能是由于河流流经红河组基岩岸边时冲刷掉落的岩块被包裹沉积形成。钻井资料揭示古近系红河组与白鹿塬组在盆地南部分布较广，厚度超过2000 m，整体沉积相以河流相为主，局部发育湖相，呈现干旱气候环境下的粗-细-粗沉积旋回（王建强，2010）。渭河盆地在古近系没有像我国如江汉盆地和柴达木盆地等大多数沉积盆地（袁见齐和高建华，1987；戴世昭，1997）那样发育厚层的蒸发盐类沉积，可能是由于当时干旱程度还不够，蒸发量与降水量相比还

图2.10　蓝田支家沟白鹿塬组与红河组不整合接触，小图显示白鹿塬组中含泥砾砂岩

不够悬殊，不足以让盆地形成大面积盐湖或半盐湖，同时盆地内构造运动也不利于盐类物质沉积和生成（袁见齐和高建华，1987）。

2.2.3　冷水沟组

贾兰坡等于1964年在临潼冷水沟定名，冷水沟组在环骊山周边地区出露分布广泛，临潼冷水沟、韩峪沟和洪庆沟，渭南沈河、零河上游地区都有较大面积冷水沟组出露。冷水沟组代表剖面在蓝田冷水沟和渭南斩龙湾，厚约70 m（贾兰坡等，1966；张玉萍等，1978）。冷水沟组岩性为黄棕色、棕红色砂岩，粗砂岩与暗紫红色泥岩互层，和上覆的寇家村组以一层砂砾岩层不整合接触，沉积环境为山前辫状河流相，含部分湖相沉积（王斌等，2013；图2.11），刘东生等（1960）此前将其归入寇家村组下部。该组动物群大都为早中新世晚期动物，既有长鼻类嵌齿象*Gomphotherium shensiensis*，奇蹄类西班牙犀属*Hispanotherium*，也出现了偶蹄类如骊山利齿猪*Listriodon*和骊山角羊*Oioceros lishanensis*等（刘护军和薛祥煦，2004），与临夏盆地中中新世早期东乡组和宁夏同心地层中发现的动物群相似，略早于通古尔组所含化石（邓涛，2004）。依据孢粉资料和冷水沟的偶蹄类化石把冷水沟组置于早—中中新世（李玉清和吴文裕，1978；孙秀玉等，1980；李传夔等，1984；刘护军和薛祥煦，2004；王斌等，2013），大致相当于下中新统谢家阶晚期至山旺阶（全国地层委员会，2002）。

图2.11 渭南斩龙湾冷水沟组典型剖面

2.2.4 寇家村组

刘东生等（1960）于1959年在灞河南岸寇家村命名，最初包括现冷水沟组在内，代表剖面在毛东村，厚100 m，岩性为棕黄色泥岩、砂质泥岩与砂岩互层，底部常有块状砂砾岩，寇家村组与下伏冷水沟组和上覆灞河组均为平行不整合接触，以湖相沉积为主夹部分河流相沉积（王斌等，2013；图2.12）。寇家村组产柄杯鹿*Lagomeryx*，板齿象*Platybelodon grangeri*及多种介形虫类化石（刘东生等，1960；贾兰坡等，1966；张玉萍等，1978）。刘东生等（1960）最早根据生物化石认为其年代为晚中新世，由于近十几年最新研究已经发现上覆灞河组应为晚中新世沉积（Kaakinen，2005；Zhang et al.，2013），因此，根据灞河组已知年代将其时代限定为中中新世晚期，大致与中中新统通古尔阶相当（全国地层委员会，2002）。在蓝田—临潼—渭南地区的冷水沟组和寇家村组岩性组成较为相似，二者都含有砂砾岩、粉砂岩和泥岩，颜色以棕黄色和棕红色为主，不同之处在于：冷水沟组含有较多河流相砂砾岩，粉砂岩和泥岩所占比例较小，而寇家村组则正好相反，以较细粒粉砂岩和泥岩为主，粗粒砂砾岩相对较少，这种岩性的细微变化似乎指示了冷水沟组-寇家村组沉积早期以河流相（主要是辫状河）沉积为主，之后水体面积逐步扩大，开始沉积湖泊相静水细粒沉积，这种露头剖面的结果也得到了钻井资料的佐证。王建强（2010）通过对渭河盆地钻井资料分析发现，冷水沟组-寇家村组地层下部以冲洪积相为主，向上逐渐过渡为河流相和湖相沉积，经过地层综合对比发现盆地边缘和中心地区沉积环境和沉积相的记录是一致的。

图2.12　西安灞桥区寇家村大庙沟的寇家村组典型剖面

2.2.5　灞河组

刘东生等（1960）1959年在灞河南岸蓝田水家嘴命名，因剖面临近灞河而得名，其时代最初原定为早上新世。灞河组在白鹿塬地区广泛分布，不整合覆盖于寇家村组之上，在顶部以一层2～3 m厚的砂砾石层与上伏蓝田组不整合接触（王斌等，2013）。灞河组代表剖面在段家坡，总厚度246 m，分上下两段，上段：淡黄色砂、砂质黏土互层夹薄层灰绿色黏土；下段：浅紫褐色黏土或薄层黏土夹灰黄砂及砂质黏土层，含灞河三趾马*Hipparion* sp.、高齿冠的羚羊*Antelope* sp.和半高齿冠的长颈鹿科动物*Palacotragus* sp.等草原性动物化石，未发现森林性动物化石（张玉萍等，1978；王斌等，2013；图2.13显示灞河组地层）。灞河期可与欧洲的Vallesian期对比（李传夔等，1984），和陕西府谷喇嘛沟动物群具有一定相似性（张云翔和薛祥煦，1996），在临夏盆地和陇中盆地也有同期沉积（Li et al.，2006；王斌等，2013）。古地磁定年结合生物地层学表明灞河组时代为7～11 Ma（Kaakinen and Lunkka，2003；Kaakinen，2005；Zhang et al.，2013；Wang et al.，2014）。

2.2.6　蓝田组

刘东生等（1960）于1959年在蓝田水家嘴-段家坡命名，当时根据蓝田组下半段所含古生物化石认为其时代属晚上新世。蓝田组代表剖面在灞河左岸白鹿塬上的段家坡，原厚度62 m（岳乐平，1996），不整合覆盖于下伏灞河组之上。蓝田组岩性为棕红色黏土，因富含“三趾马化石”而俗称“三趾马红土”，现在习惯叫做“红黏土”，富含灰白色钙质结核（图2.14），是在黄土高原地区黄土-古土壤序列下伏广泛分布的一种风尘沉积（安芷生

图2.13 灞河组野外照片
左图为灞河组上部棕黄色泥岩、砂岩为主；右侧大图为灞河组底部褐黄色粉砂岩与钙板互层，小图为钙板和钙结核

图2.14 蓝田段家坡蓝田组红黏土典型剖面

等，2000；Sun et al.，1997，1998；Ding et al.，1998；Qiang et al.，2011）。现时期在地表分布面积仅次于第四纪黄土-古土壤序列，几乎遍布蓝田—渭南和黄土高原地区。本剖面越往下成壤作用越强，颜色从浅红到深棕红色逐渐变化，包含十多层钙结核（Sun et al.，1997）。孙东怀（1997）根据野外地层观察，将段家坡剖面红黏土分为四段21个土壤组合，第一段最上部厚14 m，成壤作用差别大，颜色变化明显；第二段厚14.5 m，成壤作用弱，发育红黏土和结核层互层；第三段厚17 m，成壤作用较强，结核层分层清楚；第四段即最

下部厚约16.5 m，成壤作用较弱，红黏土和钙结核混杂堆积并夹杂有细粒河流相砂砾石。在蓝田组下部曾发现三趾马化石*Hipparion plocodus*、中间双齿尖河猪*Dicoryphochoerus medius*、弓颌猪*Chleuastochoerus* sp.、祖鹿*Cervavitus* sp.和高氏羚羊*Gazella gaudryi*等森林性动物（Zhang et al.，2002；贾兰坡等，1966；刘东生等，1960；张玉萍等，1978）。

过去，蓝田组曾被测量描述为62 m厚，并包括一层2～3 m厚的底砾岩（Sun et al.，1997）。由于蓝田组为典型风尘沉积，在黄土高原地区大面积广泛分布，依据沉积相特点将这层砾石划入灞河组更为合理，本次研究中将这层砾石层划入灞河组，重新确定蓝田组厚度为60 m。Zheng et al.（1992）第一次用古地磁方法对蓝田组进行了年代学研究，测定结果表明蓝田组的底界年龄为5.0 Ma，并指出蓝田组红黏土可能为风尘沉积。随后Sun et al.（1997）和安芷生等（2000）分别测出蓝田组底界年龄为6.8 Ma和7.3 Ma。综合前人对段家坡剖面红黏土地层进行的磁性地层年代学研究认为其年龄为2.6～7 Ma（安芷生等，2000；Kaakinen and Lunkka，2003；Kaakinen，2005），相当于上新统麻则沟阶至上中新统上保德阶（全国地层委员会，2002）。

2.2.7 黄土–古土壤

本区地表大面积披覆第四纪黄土–古土壤，厚度为数米至上百米不等，大量研究已经表明，黄土–古土壤是风成成因的（岳乐平，1989；Zheng et al.，1992；Sun et al.，1997，1998；安芷生等，2000）。黄土–古土壤代表剖面为蓝田白鹿塬段家坡，厚132 m，这里已成为黄土研究经典剖面（岳乐平，1989；Zheng et al.，1992；图2.15）。段家坡剖面最上部是约2 m厚的全新世黑垆土和人工耕作土，更新世黄土地层包括84.5 m厚的早更新世午城黄

图2.15　蓝田段家坡剖面上部黄土–古土壤

土、38.5 m厚的中更新世离石黄土和7 m厚的晚更新世马兰黄土。在段家坡西北约5 km处刘家坡地区也发育另一厚度为110 m的连续完整的黄土剖面，孙建中等（1987）经过磁性地层测年研究认为其沉积开始于2.66 Ma以前。段家坡剖面位于黄土高原东南缘，临近秦岭北麓，降水量大于黄土高原其他大多数剖面，风化淋溶作用比较强烈，因而其古土壤和钙结核都更为发育，包括了37层黄土-古土壤旋回序列，黄土颗粒也更细（岳乐平等，1989）。20世纪60年代初曾在位于更新世的黄土中发现著名的蓝田猿人化石，古地磁测年结果表明公王岭和陈家窝的猿人化石分别年龄为1.15 Ma和0.65 Ma（An and Ho，1989）。Zhu et al.（2015）重新测定公王岭猿人遗址年代为1.63 Ma。2018年，Zhu et al.（2018）在公王岭北部4 km处黄土地层中发现了2.12 Ma的上陈遗址，上陈遗址发现了大量旧石器，成为目前非洲之外最古老的古人类遗址。段家坡黄土-古土壤序列记录了第四纪（2.6 Ma）以来的风尘沉积历史，其年代相当于泥河湾阶至萨拉乌苏阶（全国地层委员会，2002）。

2.2.8 盆地中心三门组地层序列：来自卤阳湖科学钻探的证据

晚新生代黄河中游环鄂尔多斯地块周边断陷盆地发育了一系列独立湖盆，如在北部河套盆地发育了河套古湖，西部银川盆地发育了银川古湖，在南部汾渭盆地和三门峡盆地发育了古三门湖（王苏民等，2001）。古三门湖是渭河盆地演化到新生代晚期最后阶段的残余湖泊，其沉积地层为著名的“三门系”，在渭河盆地新生界中称为三门组。卤阳湖为古三门湖的地质遗存，位于陕西渭河盆地东北部，属于渭河盆地与黄土高原衔接过渡地区。卤阳湖区在地质构造上属渭河断陷盆地的北翼，现代地貌显示为一长条状的低洼地，系一受地质构造制约，基底由断陷作用控制，接受来自黄土高原地区物质沉积的湖盆洼地。卤阳湖区的地理坐标为东经109°18’～109°42’，北纬34°43’～34°50’，地处蒲城、富平、渭南三县市的交界，呈南西西—北东东方向延伸，长约30 km，宽1～7 km（图2.1，图2.3，图2.16；阎永定，1988）。卤阳湖历史时期水面宽广，约在公元1620年（明万历48年）以后逐渐干涸，现为盐碱滩地，当地人习称“卤泊滩”。

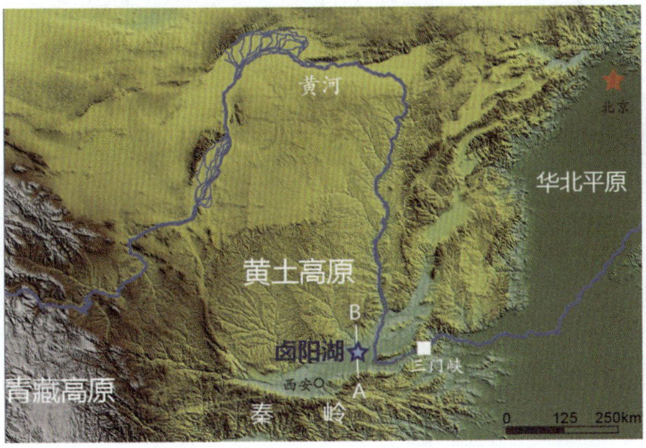

图2.16　卤阳湖的地理位置

2012年3—11月，由南京师范大学、南京大学、中国科学院古脊椎动物与古人类研究所和西北农林科技大学水土保持研究所等多家单位联合组织，由青海晶诚地矿公司实施的卤阳湖科学钻探顺利完成，总进尺1097 m，获取岩芯总长1069 m，总取芯率达到97.5 %（图2.17，图2.18）。卤阳湖钻探的科学目标主要针对以下5个重要科学问题：①汾渭地堑的发育演化与构造学意义（包括新生代秦岭的隆升）；②古三门湖演化、黄河水系演化和黄土高原侵蚀；③晚新生代东亚季风演化历史（包括黄土高原风尘沉积的历史）；④黄土高原南部气候-生态演化与人类活动的关系；⑤渭河盆地的天然气资源与氦气资源相关科学问题。

图2.17　卤阳湖科学钻探工作现场

图2.18　卤阳湖科学钻探上部岩芯扫描照片
可见颜色变化频繁，可能和湖泊水位变化有关

卤阳湖科学钻探具有很多优势：

1）地理位置优越：位于中国腹地，为黄土分布区和季风敏感区，环境演化具有区域代表性。

2）岩芯：沉积连续，时代跨度大（中新世至今）。位于盆地中心，沉积稳定。

3）岩性：湖相沉积有利于提取可靠的环境指标。卤阳湖岩性均匀，岩性以泥岩和泥质粉砂岩为主，未见砾岩，含极少量砂岩，可以建立可靠的磁性地层年代框架。岩芯最大的特点是黄色（红色）与灰色（灰绿色）互层，韵律性非常明显，可能指示了冰期-间冰期的气候旋回（类似于黄土-古土壤旋回）。也就是说，冰期时，湖水较浅，湖水处于氧化环境，有较多粉尘物质输入。间冰期时，湖水较深，处于还原环境。总体来看，岩芯沉积物的来源可能主要为风尘沉积，只是这些风成粉尘沉积于湖水之下，受到湖水水位深浅和水动力变化影响，导致氧化还原条件变化，引起沉积物色度变化。这种黄（红）-灰（灰绿）旋回可能与黄土-古土壤旋回类似，如果是这样，就为岩芯的精细定年（至少在轨道尺度上）提供了可能。根据沉积速率判断，岩芯底部年代可能已经达到中新世晚期，相当于灞河组沉积期。在野外剖面上观察发现，灞河组含有大量的风尘物质沉积，相当于秦安剖面上部。因此，卤阳湖岩芯可能提供了中新世以来黄土高原南部连续高分辨率粉尘沉积记录。

当前对卤阳湖岩芯记录的渭河盆地中心晚新生代地层序列的深入研究还尚需时日，本节在野外踏勘的基础上结合前人研究成果和从已分样岩芯部分获取的信息试图对渭河盆地新生代地层序列中争议最大的三门组进行剖析和重新认识（图2.18，图2.19，图2.20，图2.21）。三门组最早由丁文江于1918年在河南三门峡地区命名，该组分布广泛，遍布西至宝鸡、东到三门峡、北到山西临汾、南达秦岭山前的几乎整个汾渭盆地，典型出露剖面在山西平陆黄底沟、河南三门峡和陕西渭南沈河流域，它是渭河盆地新生界中争议最大的一个地层单位，半个世纪以来对其内涵和时代一直未有统一明确的认识（葛同明等，1991；胡巍等，1993；孙建中，1986；孙建中等，1988；王书兵等，2004；阎永定，1988；杨钟健，1936；袁凤钿，1976；中国第四纪委员会，1959）。

前人古地磁研究结果显示渭南地区的三门组时代如下：卤阳湖钻孔（2 Ma ~ 0.4 ka）（阎永定，1988）、华县武家堡（3 ~ 1.8 Ma）（孙建中等，1988）、阎村（W7）钻孔（3.01 ~ 1.1 Ma）（葛同明等，1991）、宋家北沟（3.15 ~ 1.2 Ma）（胡巍等，1993）、新寺（3.5 ~ 2.8 Ma）（胡巍等，1993）。以上结果似乎表明三门组时代只局限于晚上新世到早更新世，但卤阳湖科学钻探岩芯初步研究揭示渭河盆地中心部位三门组时代可能要远远老于之前的认识，目前已经完成上部400 m岩芯的分样和磁性地层年代测定，400 m底部年龄约为5.8 Ma，平均沉积速率约为69 m/Ma，远远大于邻近的黄土高原地区绝大多数黄土-红黏土剖面上新世以来的厚度和沉积速率（图2.20）。考虑到下部地层的压实作用，根据沉积速率初步推测岩芯底部年代至少已到达中中新世（图2.21）。卤阳湖岩芯与渭河盆地边缘（例如蓝田-渭南地区）沉积可以进行很好的对比，当然它们之间是同期异相的关系。至少目

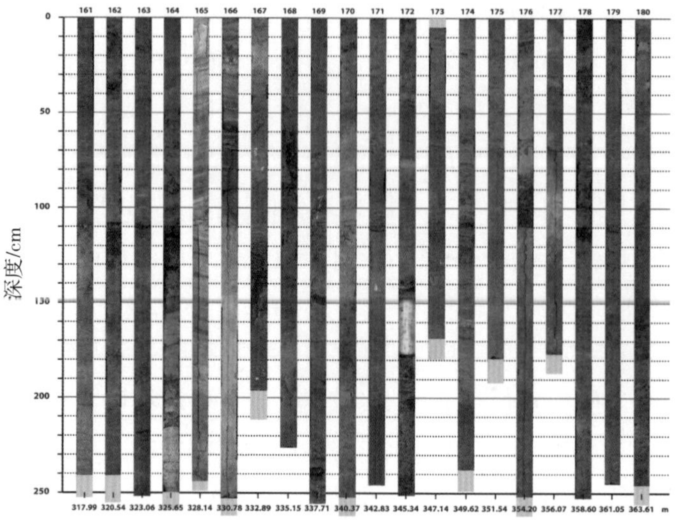

图2.19　卤阳湖科学钻探317.99～363.61 m岩芯实拍照片

可以看出岩芯颜色有较大变化，没有呈现简单的黄或绿色

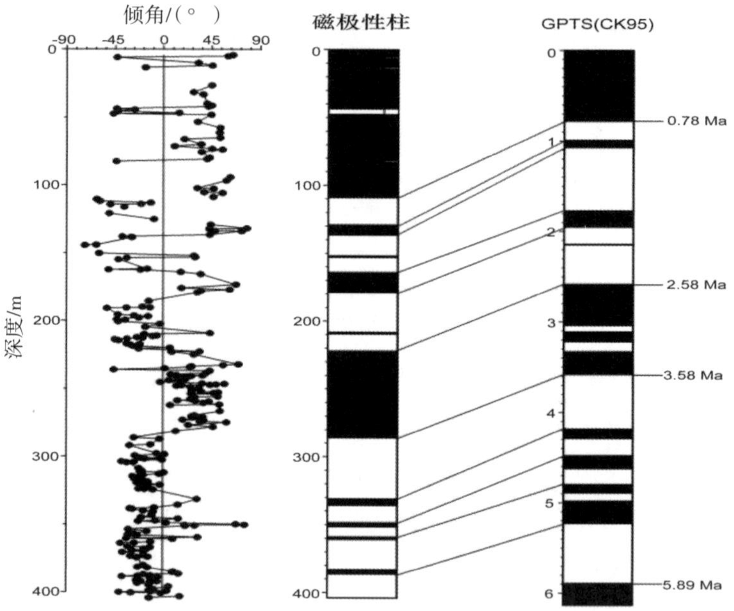

图2.20　卤阳湖科学钻探上部400 m岩芯的磁性地层年代

（据郑妍等，未发表）

前看来，卤阳湖岩芯的黄色（红色）与灰色（灰绿色）泥岩-泥质粉砂岩互层，似可以与本区的更新世—上新世黄土-古土壤-红黏土对比，也有可能继续向下与中新世的灞河组对比，图2.21示意了这种地层对比关系。

研究者曾在渭南沈河张家坡根据湖相沉积和动物化石群建立了“张家坡组”和“游河组”，曾根据地层颜色不同将前者称为“黄三门”，将后者称为“绿三门”（袁凤钿，1976；

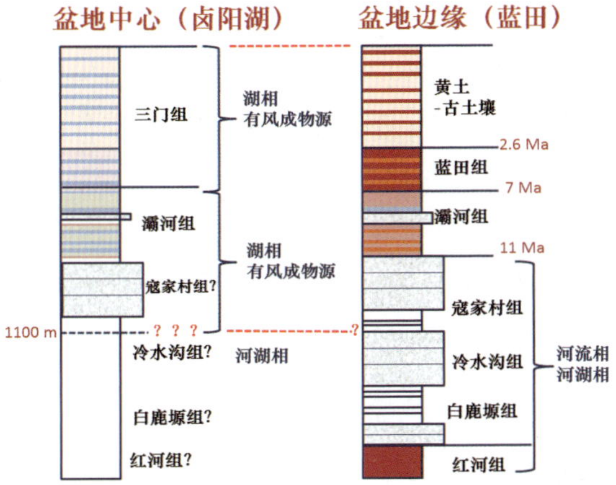

图2.21 渭河盆地边缘与中心地层的初步对比
卤阳湖科学钻探初步揭示盆地中心三门组的厚度和时代远远超过之前的估计，
但进一步具体的地层对比和年代测定还在进行中

薛祥煦，1981）。事实上，如从大范围来看，所谓的“张家坡组”和“游河组”都只是三门组的一部分，野外考察和前人研究都未发现“游河组”与“三门组”之间有明显的地层不整合与沉积间断，两者岩性也无本质区别，“绿”和“黄”的颜色差别是由古三门湖湖水的深浅不同引起的氧化还原作用差异造成的，在渭河盆地钻井岩芯和三门峡地区三门组中都发现了黄–绿–黄的沉积旋回（孙建中，1986）。因此，“黄三门”和“绿三门”只能算是局地小范围地层特征，不宜继续使用（孙建中，1986），基于这种认识而划分的“张家坡组”和“游河组”理应取消而重新划归入三门组（王斌等，2013）。

综合野外考察认识与前人研究结果（杨钟健，1936；中国第四纪委员会，1959；袁凤钿，1976；孙建中，1986；孙建中等，1988；阎永定，1988；葛同明等，1991；胡巍等，1993；王书兵等，2004），本书认为三门组是指在汾渭盆地和三门峡地区古三门湖发育沉积的一套以湖相为主的地层，岩性主要为黏土或粉砂质黏土，颜色为黄红色与灰绿色互层。三门组在渭河盆地中西部地表整体出露较少，只在东南缘渭南南部沈河和赤水河地区有较大范围出露，部分学者曾基于零星证据把三门系内涵扩大使用，比如将秦岭山前公王岭附近的砾石层也称为三门系，就是对其认识存在偏差。

三门组具体时代因为古三门湖在各地消亡时间不一致而具有穿时性，例如作为古三门湖的孑遗，陕西渭南卤阳湖直到公元1620年才最后消亡（阎永定，1988），而同样是古三门湖残余的山西运城盐池至今依然存在。王苏民等（2001）和王书兵等（2004）对山西平陆黄底沟的三门组磁性地层的研究表明，其时代为5～0.15 Ma，是目前已发表的三门组起始时间最早、持续时间最长的记录，几乎覆盖了整个上新世和第四纪，这同样表明三门组时代因古三门湖在各地存在和消亡时间不同而有很大差异。之前的很多研究剖面和钻孔地层划分中普遍将蓝田组置于三门组（张家坡组/游河组）之下，将其看作是上下层关系，实际上三门组与蓝田组和第四纪黄土–古土壤是同期异相沉积（刘护军和薛祥煦，2004；刘护军，2004），没有简单的地层上下关系（王斌等，2013；图2.21，图2.22）。晚中新世以来，渭河盆地不同地貌部位同时发育湖相和风尘沉积，在凸出的山前台地沉积风成红黏土和黄土，从而形成黄土台塬，例如白鹿塬；在低洼的盆地中心发育湖泊，湖中沉积地层称为三门组，如在蓝田段家坡发育有完整的黄土-蓝田组-灞河组地层序列，并无三门组存在（王斌等，2013）。由于地理位置邻近黄土高原，三门湖中可能沉降有大量来源于风成的粉尘物质，其沉积序列极有可能记录了新近纪以来东亚季风和亚洲内陆干旱化的演化历史，可能与黄土-古土壤-红黏土序列进行很好的对比，同时也可以提供更高分辨率的古气候信息记录（Rits et al.，2016）。

图2.22　渭南宋家北沟三门组典型剖面
黄土与三门组平行不整合接触，右下图显示三门组中发育的“网纹化”现象

一般来说，盆地边缘和盆地中心的地层由于沉积相变，地层层序会存在一定差异。盆地边缘地区距离山地风化剥蚀物源区较近，往往落差大、水动力大、搬运能力强，沉积物粒径较粗；盆地中心地区距离物源区相对较远，水动力弱，所挟带的沉积物粒径亦较细。具体对于渭河盆地来说，盆地边缘和中心地层的差别主要有两点：

1）盆地中心地区新生界从红河组-白鹿塬组-冷水沟组-寇家村组到灞河组沉积物总体偏细，以粉砂岩和泥岩为主，砂岩在岩性组成中所占比例相对较小，砾岩含量更少，同时由于容易遭受侵蚀使得盆地边缘同期沉积地层厚度远小于盆地中心，渭河盆地南缘出露新生代地层厚度在1000～2000 m之间，而盆地中心户县凹陷新生代沉积厚度达到7000 m，新生界厚度差距超过5000 m。

2）同期异相沉积，盆地边缘较高海拔台塬地区（如白鹿塬、阳郭塬等地）在新近纪沉积了大面积厚层风尘沉积，根据当时古气候和古大气环流推测盆地中心也应有同时期的粉尘沉降，只是降落在水体中成为河湖相沉积，在肉眼可见的沉积相上与典型风尘沉积已有较大差异，但可通过地球化学和沉积学方法从湖相沉积中分离出风尘信息（夏正楷，1992；鹿化煜和安芷生，1999；Garzione et al.，2005；Prins et al.，2007；Weltje and Prins，2007；Vandenberghe，2013）。本研究团队前期已经做了成功尝试，证明粒度等方法可以有效鉴别出卤阳湖湖相沉积的风尘组分（Rits et al.，2016）。

2.3 渭河盆地发育演化历史

2.3.1 始新世—渐新世（红河组-白鹿塬组）

渭河盆地自始新世开始断陷沉降接受沉积，低温热年代学研究表明，秦岭也在大致同时期（50 Ma左右）快速隆升（Liu et al.，2012），这与中国东部大范围强烈伸展裂陷、断陷盆地发育同步（Zhang et al.，1998，2003；刘池洋等，2006；王建强，2010；袁宝印等，2012；王斌等，2013）。据钻井及物探资料分析认为，当时盆地的范围局限于现在的中心位置（图2.23），以坡洪积相开始沉积了厚200～800 m的以河湖相为主的红河组；之后水体逐渐扩大，沉积发育了白鹿塬组，白鹿塬组最大沉积厚度可达2000 m（王建强，2010；王斌等，2013）。由于盆地南部断裂活动性强，所以沉积厚度南厚北薄，沉积中心靠近南侧，在35 Ma之前，渭河盆地与秦岭基本上作为一个整体协同升降，在渭河盆地大幅度断陷沉降的同时秦岭大幅度翘倾抬升，表明盆地沉降与山体隆升密切相关（王建强，2010；Liu et al.，2012；王斌等，2013）。随后大约在35 Ma和25 Ma，即早和晚渐新世，秦岭和渭河盆地南部再次发生较大规模的隆升事件（Liu et al.，2012），因而造成了盆地内部中、晚渐新世地层的缺失及白鹿塬组与冷水沟组之间的不整合（王斌等，2013）。

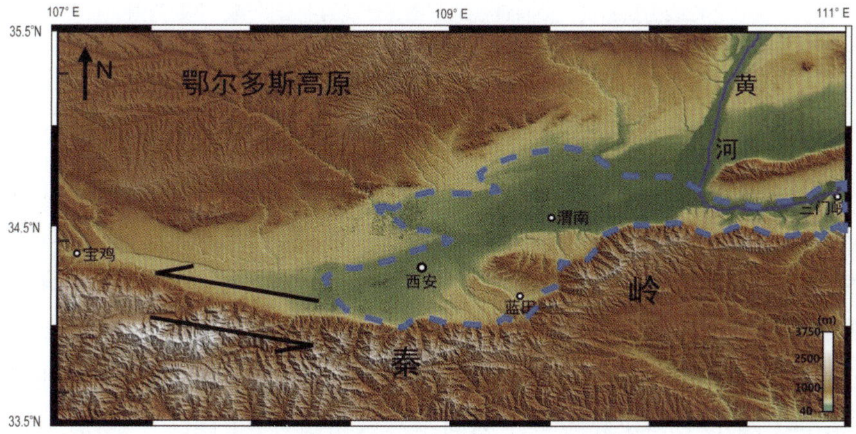

图2.23 渭河盆地始新世—渐新世沉积范围

2.3.2　中新世早、中期（冷水沟组–寇家村组）

渐新世晚期和中新世早期，渭河断陷带由断陷沉降转为隆起，受盆地周缘整体抬升作用影响，渭河盆地沉积范围逐渐缩小，甚至一度出现沉积间断，前期地层遭受剥蚀造成冷水沟组与下伏地层之间有较长时间的地层缺失，岩相上差异亦较大（王建强，2010；Liu et al.，2012；王斌等，2013）。中新世早、中期盆地在原来范围的基础上向北、东扩展（王斌等，2013；图2.24），这一时期沉积了干旱环境下的河流–河漫滩–湖泊相的冷水沟组和寇家村组，沉积厚度在200～1000 m之间（张玉萍等，1978；Zhang et al.，2003；王建强，2010；王斌等，2013）。这一阶段秦岭发生明显的抬升并伴随强烈的夷平作用，地形愈加平缓，高差变小（Zhang et al.，2003；王斌等，2013；孟庆任，2017）。早中新世，秦安和庄浪地区已经开始风尘沉积（Guo et al.，2002；强小科等，2011），但鄂尔多斯地块此时因发生强烈抬升和剥蚀夷平不利于风尘物质的沉积和保存（袁宝印等，2012；王斌等，2013，2017；Wang et al.，2017）。

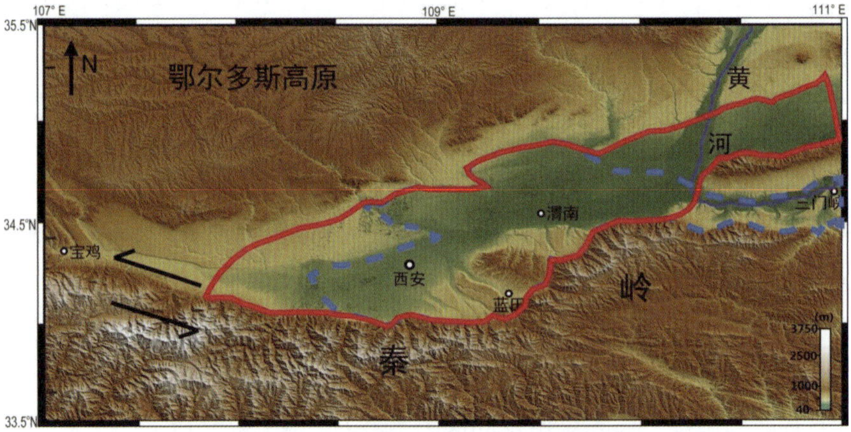

图2.24　渭河盆地中新世早、中期沉积范围

蓝色虚线为始新世—渐新世盆地范围，红线为中新世早、中期范围

2.3.3　中新世晚期—上新世（灞河组–蓝田组/三门组）

晚中新世—上新世渭河盆地断陷作用明显加强，盆地的快速沉降和秦岭10 Ma左右的剧烈隆升在时间上基本一致（Liu et al.，2012），鄂尔多斯地块东部开始沉降堆积风成红黏土，覆盖在前新生代地层之上而成为“红土高原”（刘池洋等，2006；袁宝印等，2012）。中新世晚期—上新世渭河盆地断陷作用加剧，盆地形成广阔的古“三门湖”，沉积范围和湖相分布面积均达到地质历史时期最大。渭河盆地范围南达秦岭山前，北抵北山，西达宝鸡，东至三门峡（图2.25），沉积发育了灞河组、蓝田组及三门组（王斌等，2013）。固市凹陷和户县凹陷这东西两大凹陷和沉积中心开始出现明显分异，形成了东西两大湖相沉积

区，沉积厚度在靠近秦岭的户县凹陷南部一侧最大，表明其可能受到秦岭山前断裂的较大影响（王建强，2010；王斌等，2013）。这一时期，在构造上由于渭河盆地内部各主要断裂开始发生了明显的上升和下降运动，奠定了盆地整体不对称复式地堑的宏观格局（王存诚，1965；Wang，1987；王斌等，2013）。

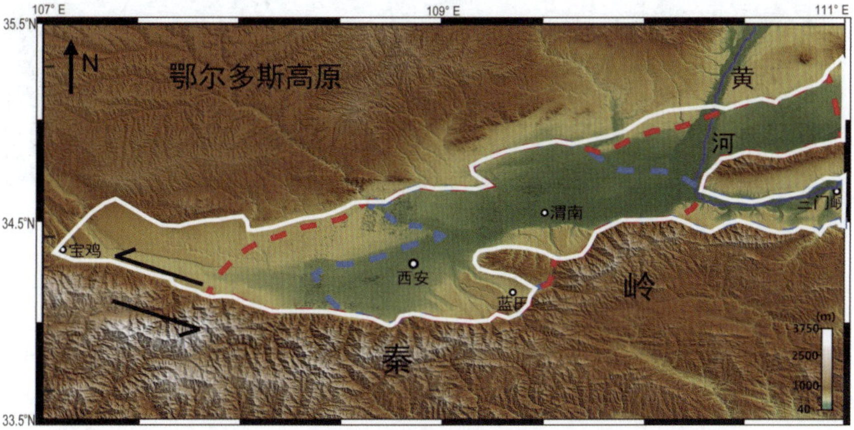

图2.25 渭河盆地中新世晚期—上新世沉积范围

蓝色虚线为始新世—渐新世盆地范围，红线为中新世早、中期范围，白线为中新世晚期—上新世沉积范围

2.3.4 第四纪（黄土/三门组）

第四纪（2.6 Ma）以来，渭河盆地基本继承了上新世的格局（刘锁旺和甘家思，1981），除地形隆起处如白鹿塬、横岭塬和阳郭塬沉积风成黄土-古土壤序列外，内部低洼区以古“三门湖”湖相沉积为主，并伴有浅湖相及河流相，但到中晚更新世受气候变化和构造活动共同影响湖盆面积逐渐缩小，除一些低洼地带如卤阳湖地区外基本消失（图2.26）。关于三门湖的消亡和渭河外流水系形成的具体时间学术界有很多争议（朱照宇，1989；吴锡浩等，1998；Lin et al.，2001；Pan et al.，2005；蒋复初等，2005），部分学者根据邙山黄土沉积变化认为其时代为0.15 Ma（蒋复初等，2005；朱照宇，1989），也有部分学者根据河流阶地等证据认为这一事件发生在1.2 Ma前后（Pan et al.，2005；Kong et al.，2014；Wang et al.，2022）。但这一问题过于复杂，不同证据和观点一直存在（例如，Lin et al.，2001；Xiao et al.，2021），可能还需要更多研究工作将盆地贯通、沉积地层、水系演化和河流地貌等不同证据统筹考虑，才有可能揭示真相。

2.4 环鄂尔多斯盆地地堑系

鄂尔多斯盆地是在古生代基底上中生代发育的叠合盆地（孙肇才和谢兴元，1980；赵重远和刘池洋，1990），现在是一个构造残余盆地，地貌上表现为高原（郑孟林等，

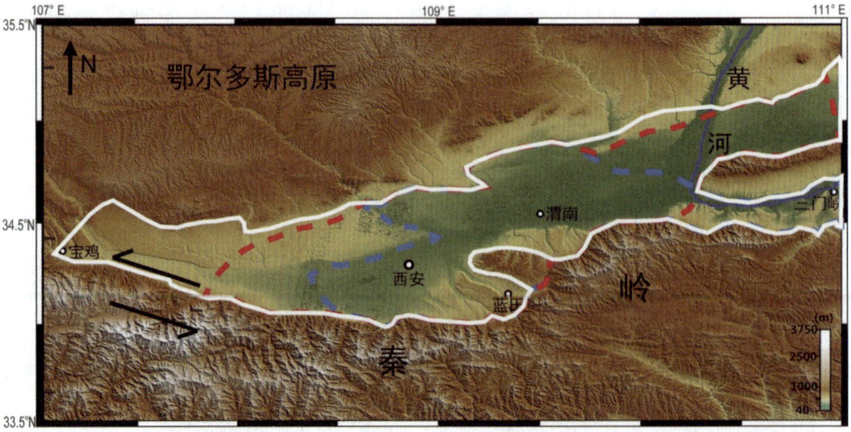

图2.26　渭河盆地中新世晚期—上新世沉积范围

蓝色虚线为始新世—渐新世盆地范围，红线为中新世早中期范围，白线为第四纪沉积范围

2006），其东侧仍保持为克拉通盆地，西侧演化为贺兰山前陆盆地（刘和甫，1993）。鄂尔多斯地区在晚中生代—新生代经历了盆地消亡、挤压隆升和拉张隆升三个大的后期改造演化阶段（郑孟林等，2006）。在新生代，太平洋板块继续自东部向欧亚板块进行俯冲，产生弧后扩张作用（索艳慧等，2012）；同时欧亚板块的南部又受到印度板块的向北碰撞和推挤，如此一来就在包括中国在内的东亚大陆东西之间产生了近南北向的右行剪切应力场，并在鄂尔多斯地区产生了北西—南东向张应力，在利用狼山和汾渭弧形地堑构造带中发育的中生代压性破裂带的基础上，形成了环绕鄂尔多斯盆地西北的银川–河套弧形地堑盆地系和东南的汾渭弧形地堑盆地系（赵重远和刘池洋，1990；Zhang et al.，1998；Yin，2010；Shi，2015；图2.27）。

银川–河套弧形地堑盆地系：包括银川盆地和河套盆地，长800～900 km，宽50～80 km。银川盆地（地堑）位于宁夏境内，夹于贺兰山构造带与鄂尔多斯地块之间，总体走向NNE向，范围北到石嘴山煤矿，南至青铜峡牛首山与青藏高原东北缘相接，西邻贺兰山与阿拉善地块相连，东接鄂尔多斯西缘，平面上总体呈NNE走向的纺锤形，黄河NNE向穿越盆地东缘。银川盆地南北长逾180 km，东西宽约60 km，面积约7000 km^2。Zhang et al.（1998）认为银川盆地与鄂尔多斯地块周缘其他断陷带具有一致的构造演化历史，新生代以来同样主要经历了3期伸展构造变形，导致银川盆地持续断陷沉降接收沉积，盆地表层广布第四系冲洪积物，古近系—新近系露头主要分布于牛首山与贺兰山南段（周特先等，1985；杨藩等，1994；黄兴富等，2013；刘保金等，2017）。

河套盆地位于内蒙古中部黄河河套地区，地处阴山山脉以南、鄂尔多斯盆地以北，东西长600 km，南北宽30～90 km，面积约40000 km^2。河套盆地是在华北克拉通结晶基底之上发育的新生代盆地，其展布形态与周缘造山带的走向基本一致，在平面上呈NE–SEE向弧形展布于巴彦乌拉山–狼山构造带、贺兰山构造带、阴山褶皱带与鄂尔多斯高原之间，

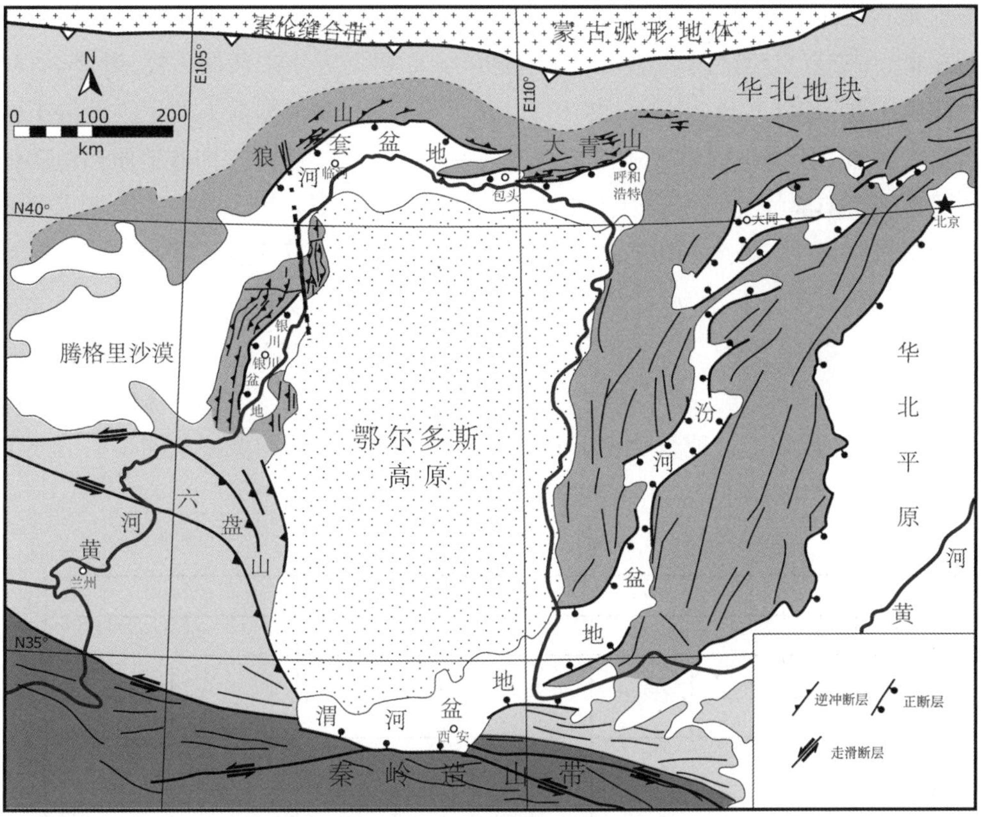

图2.27 鄂尔多斯盆地及周缘新生代裂陷盆地
（修改自Darby and Ritts, 2002）
浅灰色代表华北地块，中灰色代表晚侏罗世—早白垩世板内变形区域，深灰色代表秦岭造山带；
点状区域代表鄂尔多斯高原

现今的盆地与造山带之间均为断层接触；河套盆地发育近10000 m的新生代河湖相碎屑沉积地层，盆地中心被第四系覆盖，仅在周缘山前地区有露头出露（赵重远等，1984；杨星辰，2018；张锐锋等，2020）。

山西地堑系位于太行山和吕梁山之间，受山地分割形态比较破碎，由多个断陷盆地（地堑）组成，总体来说包括两大部分。①中南部山西地堑也叫汾河盆地，是由呈NE-SE向的一系列小地堑组成的地堑系，长500 km，宽40 km。在晚新近纪开始接受沉积，充填了厚层的河湖相沉积，尤其在上新世至更新世，发育古三门湖和古大同湖等多个古湖，其中两个沉积中心的临汾地堑厚2000 m、太原地堑厚3500 m。②北部山西地堑系，包括山西地堑系最北端150 × 240 km^{2}的地区，地堑系被600 ~ 2000 m厚的晚新近纪河湖相沉积充填（王乃梁，1996）。

河套盆地与渭河盆地一起大致在始新世开始裂陷接受沉积（内蒙古自治区区域地质志，1991；Zhang et al.，1998），银川盆地稍晚，在渐新世开始沉积（Wang et al.，2011，2013），这两个盆地的地层可与渭河盆地新生界进行大致对比，但需要强调的是河套盆地与渭河盆地古近纪和早新近纪地层尚无准确的绝对年代，银川盆地寺口子组长期被认为属于始新世（《宁夏自治区区域地质志》，1990），而根据近年来新的磁性地层学研究，认为其可能属于渐新世（Wang et al.，2013），因而图2.28只是根据前人的生物地层工作进行的简单初步对照，部分地层单元还需要开展进一步的年代学研究。构造地质和地层记录表明，汾渭地堑系南部的沉积充填要比北部更老和更厚，汾河盆地最晚在晚中新世到上新世才开始裂陷沉降接受沉积（《山西省区域地质志》，1989；王乃樑等，1996）。钻孔和物探资料揭示，运城地区新生界为一套河湖相泥岩、粉砂岩或泥质粉砂岩，厚度达3500～4000 m，不整合于寒武系、奥陶系之上；临汾地区新生界厚300～500 m，并由北向南逐渐增厚，在盆地边缘可见上新统含三趾马红黏土不整合覆盖于古生界基岩之上（《山西省区域地质志》，1989）。运河–临汾盆地至少在上新世以来与渭河盆地沉积保持了同步，形成了三门组湖相沉积与风尘沉积不同地貌部位的同期异相。

<table>
<tr><th colspan="2">地层</th><th colspan="6">分　　区</th></tr>
<tr><th>系</th><th>统</th><th colspan="2">鄂尔多斯盆地</th><th>河套盆地</th><th>银川盆地</th><th colspan="2">渭河盆地</th></tr>
<tr><td rowspan="2">新近系</td><td>N2</td><td>(东部)
静乐组
保德组</td><td>(西部)
临夏组</td><td>乌兰图克组</td><td>干河沟组</td><td>(中心)
三门组</td><td>(边缘)
蓝田组</td></tr>
<tr><td>N1</td><td colspan="2"></td><td>五原组</td><td>红柳沟组
清水营组</td><td colspan="2">灞河组
寇家村组
冷水沟组</td></tr>
<tr><td rowspan="3">古近系</td><td>E3</td><td colspan="2"></td><td>临河组</td><td>寺口子组</td><td colspan="2">白鹿塬组</td></tr>
<tr><td>E2</td><td colspan="2"></td><td>乌拉特组</td><td></td><td colspan="2">红河组</td></tr>
<tr><td>E1</td><td colspan="2"></td><td></td><td></td><td colspan="2"></td></tr>
</table>

图2.28　渭河盆地与鄂尔多斯及周缘盆地地层对比
（据Wang et al.，2013;《内蒙古自治区区域地质志》，1991；王斌等，2013）
鄂尔多斯盆地东、西部晚中新世—上新世地层分组不同，渭河盆地边缘和中心区域沉积也有差异

2.5　小结

综上所述，渭河盆地是奠基于不同地质时代基底之上的新生代断陷盆地，受控于东亚大地构造格局的动力机制变化，自始新世开始强烈断陷，渐新世进一步发展，中新世—上新世奠定了现今断陷带基本面貌，第四纪基本继承了上新世的构造—沉积格局，沉积范围不断扩大，现今仍在强烈下降。其中，始新世—渐新世早中期和中新世晚期—上新世是两

个最重要的盆地发育阶段。渭河盆地边缘露头剖面和中心地层具有一定的差异，古近纪盆地总体以河湖相沉积为主，新近纪盆地中心发育以三门组为主体的湖相沉积，而边缘地区沉积相变化较大，总体以河流相与湖相沉积为主，同时含有一定的风尘沉积。近东西向秦岭北缘大断裂控制着渭河盆地的形成演化，新生代大幅度的断陷沉降及相应的地层沉积与秦岭造山带和鄂尔多斯高原以及周边一系列新生代断陷盆地的发育、演化关系密切，具有统一的动力学背景，可能是对中国东部太平洋板块向西俯冲引起区域强烈伸展与青藏高原隆升伸展远程效应的响应，且渭河盆地-秦岭-鄂尔多斯沉降与隆升在时间和动力上具有协同一致性，是一套典型的在物质和能量上均紧密联系的盆山耦合体系（邢作云等，2005；Liu et al.，2012）。

3 灞河组地层年代与古环境记录

3.1 段家坡剖面的区域地质概况

蓝田地区因蓝田猿人的发现和广泛发育的新生代地层以及丰富的哺乳动物化石而闻名于世（刘东生等，1960；An and Ho，1989；Qiu et al.，2003；Kaakinen，2005；Zhang et al.，2008，2013；Zhu et al.，2015，2018）。灞河作为渭河的一级支流，发源于蓝田南部的秦岭山脉，自南东向北西沿着白鹿塬北麓流向渭河盆地，在西安东北部汇入渭河。灞河干流将蓝田地区分为两个不同海拔的区域，分别为左岸（南部）的白鹿塬和右岸（北侧）的横岭塬（图3.1）。白鹿塬南北长25 km，东西宽10 km，塬面海拔超过790 m，与绕塬边流过的灞河形成300 ~ 330 m落差的直立陡崖；横岭塬塬面海拔达900 ~ 1000 m，以骊山和渭河为界（Kaakinen，2005）。作为秦岭和骊山在新生代掀斜抬升的结果，灞河在左岸的白鹿塬坡脚流过，冲蚀切割暴露出来一系列晚新生代地层露头，在右岸横岭塬发育了4 ~ 5级

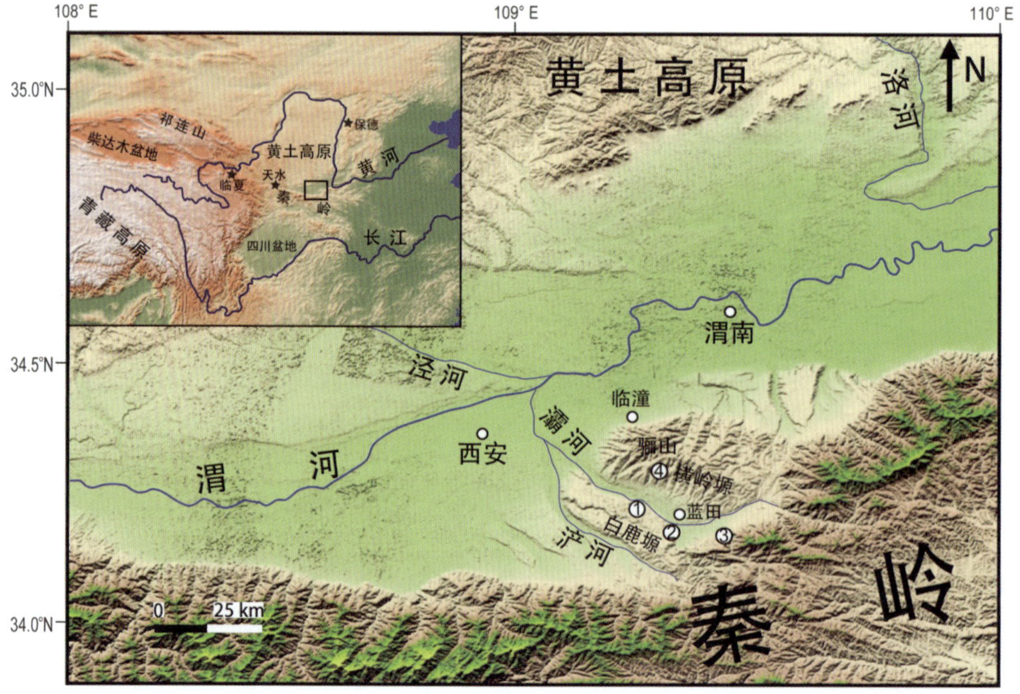

图3.1 段家坡剖面的地理位置

①段家坡；②刘家坡；③公王岭；④陈家窝

河流阶地（Porter et al.，1992），发源于横岭塬上的小水系大都向西南方向汇入灞河，大量新生代露头也被河流切割暴露于沟谷之中（Kaakinen，2005；张玉萍等，1978）。刘东生等（1960）和贾兰坡等（1966）将本区新生代地层从始新世到更新世依次划分为始新统红河组，渐新统白鹿塬组，中新统冷水沟组、寇家村组、灞河组，上中新统—上新统蓝田组（红黏土）和第四系黄土-古土壤序列（张玉萍等，1978；Kaakinen and Lunkka，2003；王斌等，2013；鹿化煜等，2018）。大部分厚层新生代地层在骊山周围以扇状沉积展布，表层基本都被第四系黄土-古土壤覆盖，只在沟谷地区因为侵蚀冲刷作用而出露。

本次研究的陕西蓝田县段家坡剖面（34°12'N，109°12'E）位于黄土高原南缘和秦岭北麓的白鹿塬顶部。在段家坡地区从白鹿塬顶部到邻近灞河的底部出露了一个包括黄土-古土壤、蓝田组和灞河组的连续晚新近纪地层序列（刘东生等，1960；贾兰坡等，1966；张玉萍等，1978）。整个剖面厚438 m，包括3个地层单元：最上部是132 m厚的第四系黄土-古土壤序列，中间是60 m厚的蓝田组（红黏土），下部是246 m厚的灞河组，此剖面因为发育厚而连续的黄土-古土壤和红黏土沉积而备受关注（岳乐平，1989；Zheng et al.，1992；Sun et al.，1997；安芷生等，2000；Wang et al.，2014）。相比于前人对黄土和红黏土的大量研究，针对下伏灞河组的古环境和年代学研究还很少，研究程度远远不够深入，对其沉积相和环境记录还存在较多未解之谜，因而本次研究主要关注灞河组。

如前所述，与上部的黄土-古土壤和蓝田组红黏土在揭示过去全球变化方面的重要性相比，灞河组被关注得较少。基于地层对比和古生物化石研究，在20世纪80年代以前，学界普遍认为灞河组属于早上新世沉积（刘东生等，1960；贾兰坡等，1966；张玉萍等，1978）。近些年来的研究工作表明，其可能形成于晚中新世（Kaakinen and Lunkka，2003；Kaakinen，2005；Zhang et al.，2013）。本研究团队通过磁性地层学定年并结合前人哺乳动物化石研究最终确认其形成于晚中新世11～7 Ma（详见本章3.3节）。灞河组沉积相比较复杂，其中部主要由河湖相沉积组成，而上部和下部含有大量风尘沉积，同时受来自秦岭的河流洪泛堆积影响。研究区地层中含有大量棕色粉砂，无层理，含钙结核和小泥砾，与上覆的蓝田组风成红黏土极为相似。

灞河组沉积时期被特别命名为灞河期，是中国晚新近纪生物地层重要分期，就是根据蓝田白鹿塬的灞河组哺乳动物化石命名的（李传夔等，1984；Zhang et al.，2002，2008）。自1959年以来已经有大量哺乳动物化石（如*Hipparion* sp.，*Rhinoceros* sp.，*Tetralophodon exoletus*，*Gomphotherium* sp.，*Erinaceus* sp.，*Palaeotragus* sp.，*Testudo* sp.，*Protoryx*，*Dorcadoryx*，*Gazella* cf.，*G. lyderkkeri*等）在此地被发现，蓝田也成为著名的中新世哺乳动物化石产地（刘东生等，1960；贾兰坡等，1966；张玉萍等，1978；Zhang et al.，2002，2008，2013；Qiu et al.，2003，2004a，2004b，2008；Andersson and Kaakinen，2004；Kaakinen，2005）。

3.2 灞河组生物地层研究进展

确定地层年代是开展地质学研究的最基本工作，通过生物化石组合来确定地层年代的生物地层方法是地质学发展早期就广泛采用的重要定年手段。直至今日，对于一些缺乏同位素和古地磁定年条件的地层依然需要依靠生物地层学来确定其地层年代，如上一章所述蓝田地区包括红河组、白鹿塬组、冷水沟组和寇家村组在内的大部分地层单元迄今只有根据生物地层确定的相对地质年代。即使在可以进行绝对定年的地层中大多数时候也需要以生物化石组合作为重要参照标准来建立精确的地层年代，如著名的西瓦里克地区和秦安剖面。

蓝田地区的灞河组含有丰富的哺乳动物化石，在过去50多年里众多中外学者对其进行了大量的研究，但与上覆蓝田组已有比较精确的地层年代框架不同，灞河组的具体地质时代长期以来存在很多的不同认识：早期的哺乳动物化石研究认为其属于早上新世（刘东生等，1960；贾兰坡等，1966；张玉萍等，1978），近40年来新的研究又指示其为晚中新世（李传夔等，1984；Qiu and Qiu，1995；Kaakinen，2005；Zhang et al.，2013）。

本章的研究目标是建立灞河组的地层框架，为沉积物和哺乳动物化石提供准确的年代界定，并且通过与同时期其他区域地层对比初步恢复灞河组沉积时期的古生态环境。在对灞河组进行测年研究之前很有必要先了解前人已经取得的生物地层学成果。20世纪90年代末对本地区基础地质和古脊椎动物化石的多手段研究，显著加深了对蓝田地区新生代地层的沉积学、地层学、古环境和古生物学领域的认识和理解（Zhang et al.，2002，2003，2005，2008，2013；Kaakinen and Lunkka，2003；Qiu et al.，2003，2004a，2004b，2008；Andersson and Kaakinen，2004；Chen and Zhang，2004；Chen，2005；Kaakinen，2005；Zhang and Liu，2005；Kaakinen et al.，2006；Li and Zheng，2005；Passey et al.，2009；Suarez et al.，2011），使得在过去十几年里对蓝田地区灞河组的认识越来越深入（详见Zhang et al.，2013）。

详细的沉积学研究表明，灞河组的沉积相指示了一种相对低能的沉积保存环境（Kaakinen and Lunkka，2003；Andersson and Kaakinen，2004；Kaakinen，2005；Zhang et al.，2013）。灞河组哺乳动物群产于灰色砂砾岩与黄色泥岩互层的地层中，大多数都是华北三趾马动物群中的常见分子，但有几种略有不同，如大型半高冠的三趾马*Hipparion weihoense*，*H. chiai*和保德的三趾马不同，而和欧洲发现于晚中新世Vallesian期的*H. primigenium*更接近（李传夔，1984；Zhang et al.，2002）。灞河动物群中没有发现保德三趾马动物群中常见的*Adcrocuta*，而发现了巨鬣狗*Dinocrocuta*，邱占祥等（1987）认为后者主要生存于Vallesian期。张玉萍等（1978）曾在灞河组中统计过20余种化石，到2002年为止，陕西蓝田灞河组共计发现哺乳动物化石45种，蓝田组中发现20种，而在蓝田组发现的化石基本都属于保德动物群的常见属种（李传夔等，1984；Zhang et al.，2002）。

迄今为止，在灞河组中共发现53种哺乳动物化石，包括啮齿目（Rodents）、兔形目（Lagomorphs）、食虫目（Insectivores）、肉食性（Carnivores）、偶蹄目（Artiodactyls）、奇蹄目（Perissodactyls）和长鼻目（Proboscideans），大部分哺乳动物化石的系统研究成果已经发表，它们揭示了啮齿目和有蹄类在整个哺乳动物群里占优势的现象；除了发现大量哺乳动物化石外，在相关层位还发现了鱼类、两栖类、爬行类、淡水软体动物类和轮藻类等化石（Zhang et al.，2002，2005，2008；Qiu et al.，2003，2004a，2004b，2008；Andersson and Werdelin，2005；Li and Zheng，2005）。

灞河组和蓝田组已经被证明覆盖了以“三趾马化石”为典型代表的完整的中国晚新近纪地层（参照Schlosser，1903；Kurtén，1952；Zhang et al.，2013）。Zhang et al.（2013）识别出了三个晚中新世哺乳动物化石富集组合地层单元，表明灞河三趾马化石（灞河组BH1和BH2化石组合）与出现在蓝田组中的保德三趾马化石（BD化石组）有很大的差异，这些化石组合可以比较好地与基于哺乳动物化石建立的欧洲Vallesian期、早中Turolian期和晚Turolian期分别进行对照。

3.3　磁性地层年代的建立

3.3.1　原理与基本概念

磁性地层学（magnetic stratigraphy或magnetostratigraphy）是根据地层单元的磁性特征来划分对比地层的一门地层学分支学科（Opdyke and Channell，1996），是对新生代和晚中生代沉积序列定年的重要方法（Berggren et al.，1985；Cande and Kent，1995；Opdyke and Channell，1996；Ogg and Smith，2004）。磁性地层学是在20世纪后半叶兴起的一种定年手段（Cox et al.，1963），它的建立是基于岩石磁性的普遍存在和地磁极性倒转在全球范围的同时性和一致可对比性，因此是一个可以普遍应用于全球广泛陆相地层与海相记录的测年方法。地磁极性年表（Geomagnetic Polarity Time Scale，GPTS）是磁性地层学定年的基本标尺，对研究剖面测得的磁极性柱与基于海底磁异常条带建立的已知年代的标准磁极性柱进行对比来确定地层年代，可以在生物地层学之外为沉积物提供一个更详细和长尺度的年代框架，对于新生代沉积相对连续的海陆相地层，在没有有效的放射性同位素年代学测年材料时，磁性地层学方法是定年的最佳选择（贺怀宇等，2013）。磁性地层学的方法应用也随着岩石磁学机理的研究不断深入，现在已经得到非常广泛的应用，但在实际应用中，还需要与生物地层年代学、同位素年代学和化学地层年代学等其他年代数据相结合，从综合地层年代学的角度来理解磁性地层年代学，会取得更好的效果（Opdyke and Channell，1996；Gradstein et al.，2004；贺怀宇等，2013）。下面简单介绍一些古地磁学相关的基本概念。

（1）物质的磁性

磁性是在自然界普遍存在的自然现象，是由于带电离子运动而形成的。根据不同物质的磁性行为可以将其分为三类：反磁性、顺磁性、铁磁性（刘椿，1991）。

反磁性：外加磁场作用于一种不含非成对电子的物质时，电子轨道会发生偏转，产生与外加磁场相反的磁矩（刘椿，1991）。在去掉外磁场后，感应磁矩立即消失，其磁化率为负值，磁化率与磁场强度及温度没有关系，这种特性称为反磁性，也叫抗磁性（袁学诚，1991）。

顺磁性：一种含非成对电子组成的物质，在受到外加磁场影响后，电子自旋的磁化方向平行于外磁场，外磁场取消后，原子处于混乱状态，磁化强度立即消失，其磁化率为小于1的正值，大多数情况下与绝对温度成反比，这种特性称为顺磁性（刘椿，1991；袁学诚，1991）。顺磁性与温度紧密相关，温度越高，顺磁性越弱。

铁磁性：一些物质的非成对电子在相邻的原子之间形成磁耦合，由于相互作用而自发磁化。在外加磁场下表现出很强的磁化强度，磁化强度达到饱和磁化强度后不再增加；在没有外加磁场时，也可以保持高强度的磁性状态，其磁化率远大于零，这种特性称为铁磁性，也叫磁性，在高于一定温度后，铁磁性物质会转化为顺磁性物质。常见的铁磁性物质有Fe，Co，Ni金属元素（刘椿，1991）。铁磁性又可以分为4种：铁磁性（Fe，Co，Ni）、亚铁磁性（磁铁矿）、反铁磁性（NiO，MnO）和斜交反铁磁性（赤铁矿）（刘椿，1991）。在古地磁研究中，岩石和沉积物里铁磁性矿物的含量和种类以及粒径是影响磁性的主要因素。

（2）居里温度和尼尔温度

居里温度也叫居里点（T_c），是铁磁性物质变为顺磁性物质、磁化率急剧下降的温度。居里温度的高低反映了交换作用的强弱和对热运动抵抗能力的大小（袁学诚，1991）。亚铁磁性矿物转变为顺铁磁性矿物的温度点叫尼尔温度，也叫尼尔点（T_n）。

（3）岩石、矿物的剩磁和退磁

剩磁是由某些晶体中邻近电子自旋很强的相互作用引起的（Taxue，2005）。常见的磁性矿物有磁铁矿、赤铁矿、磁赤铁矿和针铁矿等。

磁铁矿（Fe_3O_4）是最重要和最基本的磁性矿物，密度为5197 kg/m^3，熔点约1591 ℃。表现为高磁化率、低矫顽力、高饱和剩磁、高居里温度（578 ℃）。赤铁矿（$\alpha-Fe_2O_3$）是反铁磁性矿物，密度为5271 kg/m^3。沉积物中的赤铁矿通常由氧化作用生成，当沉积物中含有大量细粒赤铁矿时会呈现显著的红色，表现为低磁化率值、高矫顽力、低饱和剩磁、高居里温度（675 ℃）。磁赤铁矿（$\gamma-Fe_2O_3$）属于反尖晶石型构造，是次生亚铁磁性矿物，密度为5074 kg/m^3，在高温下磁学性质不稳定，当加热到275 ℃以上即转变为赤铁矿，居里温度约为675 ℃。针铁矿是典型风化作用的产物，密度为4264 kg/m^3，颜色从黄褐色到红色，在湿热气候下是稳定的铁氧化物。大多数针铁矿属反铁磁性矿物并具有寄生铁磁性，极少数有微弱磁性，进一步水化作用可以生成褐铁矿。其尼尔温度为120 ℃，在加热到250 ~ 400 ℃较高温度时会脱水分解形成赤铁矿。

（4）剩余磁化强度类型

天然剩磁（NRM）强度：岩石在天然状态下获得的剩磁矢量，也叫作正常剩余磁性或正常剩余磁化强度。不同岩石和沉积物获得天然剩磁的方式是完全不同的，岩浆岩在冷却过程中由于矿物继续磁化而产生的天然剩余磁性称为热剩余磁性；大部分碎屑沉积岩在风化成岩过程中产生更微小的定向排列的磁性颗粒叫作碎屑剩余磁化；还有一些沉积岩由于化学作用形成铁质矿物称为化学剩余磁性；此外，还有一种完全依赖于时间的剩余磁性叫作黏滞剩余磁性（刘椿，1991）。

3.3.2 野外采样及室内分析

（1）野外采样

磁性地层学研究的目的是通过得到岩石或沉积物原生剩磁时期内古地磁场方向、强度等信息后，通过与标准磁极性柱对比而获得地层年代。在采样前先要考虑地磁场的性质及变化、地层年代、沉积厚度、露头、出露范围、地质构造特征、火成岩体侵入范围、变质程度等因素（袁学诚，1991）。在野外按规范正确采集定向样品是古地磁研究的基本前提，对于地层倾斜的岩层，在野外先要测量地层产状，在室内要对所采样品进行产状校正。采样时要注意剥离掉表层风化物质，采集里面的原始新鲜面。

通常情况下，古地磁学采样要求在每个地质单元（如一套沉积岩层）中采集一定数量的系统标本，把属于一个地方的短暂的几乎同一地质时期内沉积的小层或喷发侵入的岩体称为采点，每个采点上采集的大块岩石称作标本，每块标本加工成不同规格的小块称为样品（刘椿，1991）。一般一个采样单元要布置5 ~ 30个采点。3 ~ 5个样品能够确定标本的平均值，6 ~ 9块标本能够确定采点的平均值（袁学诚，1991）。每个定向样品块最终要被切割成三块2 cm × 2 cm × 2 cm的立方体或直径约为2 cm的圆柱体（图3.2）。采样时对于较坚硬的岩石一般采用钻机钻取岩芯，对于新生代尤其是第四纪较为松散、未固结成岩的沉积物多采用手工取样。采集古地磁标本时要注意对样品进行定向，常用的方法有自然方位法和产状要素法。

自然方位法适用于对晚新生代以来较松软的沉积物定向采样。首先在采样部位手工修理一个约20 cm × 20 cm的水平面，在水平面上用罗盘先标出正北和东西方向，再刻画出2 ~ 3条平行线。产状要素法主要适用于层理面、节理面或任意面。该方法可以选择任意平面作为定向面，测量平面的倾向及倾角，这样做提高了野外采样的速度和灵活性，但需要在室内进行产状校正。

（2）室内退磁分析

样品的天然剩磁（NRM）是岩石形成时初始天然剩磁组分和次生剩磁组分的矢量和。通过退磁技术将稳定性较低的成分分离，留下稳定性较高的NRM组分，通常称作特征剩

图3.2　古地磁样品野外采集和加工
左上：测量地层产状并选择采样位置；右上：手工采样；左下：室内样品加工；右下：加工成型的立方体样品

磁（ChRM）。稳定的剩余磁性也可能是后来获得的，通常用的退磁技术只能测定样品的借阻温度谱或矫顽力谱，即分步退磁只能确定ChRM的方向，不能确定该ChRM是否为初始NRM，不能完全决定剩磁稳定性能否单独作为原生剩磁的判别依据。

目前实验室常用的退磁技术有三种：交变磁场退磁、热退磁、化学退磁。

交变磁场退磁：由于原生剩余磁性具有较高的矫顽力、次生剩余磁性具有较低的矫顽力，当把一块样品放置于一个载有交流电的变化磁场中时，所有矫顽力低于交变磁场峰值的磁性颗粒会随着磁场变化而重新排列（刘椿，1991）。当不断减小交变磁场峰值直到0，低矫顽力颗粒的磁化方向就会处于混乱状态，其天然剩磁就会消失。逐步增强退磁场峰值，矫顽力较高的磁颗粒也会被退磁。对火成岩及含磁铁矿和钛铁矿的岩石优先使用交变退磁清洗，而对赤铁矿和针铁矿作为主要载磁矿物的岩石和沉积物要用热退磁（袁学诚，1991）。

热退磁：把样品加热到一定温度段之后在零磁场中冷却和退磁，此时剩磁的原始组分保持不变，而次生的组分能够被去掉（刘椿，1991）。热退磁的关键是天然剩磁的载磁矿物因为发生化学变化或矿物相态改变而使得成分全部或部分被破坏。热退磁主要在热退磁炉内进行，温度加热间隔从20～25 ℃到50～100 ℃不等，一般在高温（>500 ℃）下，升温间隔为20～25 ℃，直到剩磁强度低于仪器噪声为止，最高可加热到剩磁载体的居里点附近或更高（图3.3）。

化学退磁：使用不同浓度以及不同作用时间的酸液（通常用盐酸）来处理岩石标本，

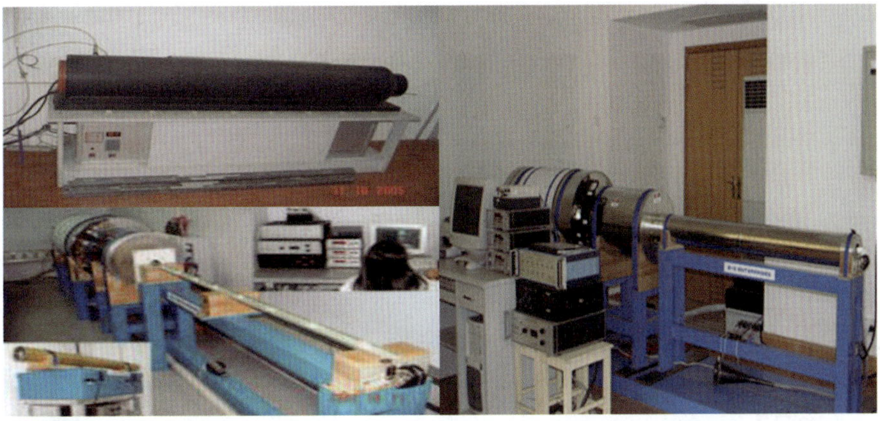

图3.3 古地磁样品热退磁实验仪器设备
左上：捷克产TD48热退磁炉；左下：磁屏蔽室内部环境；右：美国产2G-755R U-channel超导磁力仪系统

能够区别开不同磁性载体的磁性组分，从而清洗掉溶解度较高的赤铁矿颗粒的磁性，而保留镜铁矿中某些带有原生剩余磁性的组分（刘椿，1991）。化学退磁方法因为费时且操作难度大而应用较少，一般只针对于一些主要载磁成分是赤铁矿的风化严重的红层样品。

古地磁学研究中用于岩石剩磁测量的仪器主要有无定向磁力仪、旋转磁力仪和超导磁力仪。无定向磁力仪最大的优点是可以测量任意尺寸和形状的样品，缺点是对实验室条件要求非常苛刻；旋转磁力仪的一般原理是使岩样在仪器内感应出交变电压，在测量火山岩等强磁性样品时效果较好；超导磁力仪又称低温磁力仪或SQUID磁力仪，测量精度高，主要用来测量弱磁性岩石样品的剩余磁化强度（朱岗昆，2005）。

3.4 蓝田段家坡剖面灞河组古地磁测量及磁性地层年代

3.4.1 蓝田地区黄土–蓝田组磁性地层学进展

蓝田地区段家坡（刘家坡）剖面的黄土–蓝田组红黏土序列的地层年代在20世纪50—60年代就受到研究人员的关注，依据所含古生物化石，黄土–古土壤序列很早就被确定为第四纪沉积，蓝田组红黏土沉积地层时代被认为是晚上新世（刘东生等，1960；贾兰坡等，1966；张玉萍等，1978）。到20世纪80年代，随着磁性地层学测年方法在黄土地层研究中的普遍应用，诸多研究人员对段家坡剖面黄土–红黏土和刘家坡剖面黄土–古土壤地层进行了系统的古地磁年代学研究（图3.4）。

孙建中等（1987）最早研究了蓝田白鹿塬刘家坡剖面（段家坡剖面西偏北约5 km）黄土–古土壤序列，该剖面黄土总厚度为110.65 m，磁性地层结果显示M/G界线位于黄土地层底界之上6.1 m，根据沉积速率推算刘家坡黄土沉积开始于2.66 Ma之前，老于一般黄土沉积剖面。岳乐平（1989）对段家坡剖面132 m厚的黄土–古土壤地层进行了磁性地层学研究，结果表明黄土和下伏红黏土界线与M/Ga界线重合，表明段家坡剖面黄土沉积于2.45 Ma（按

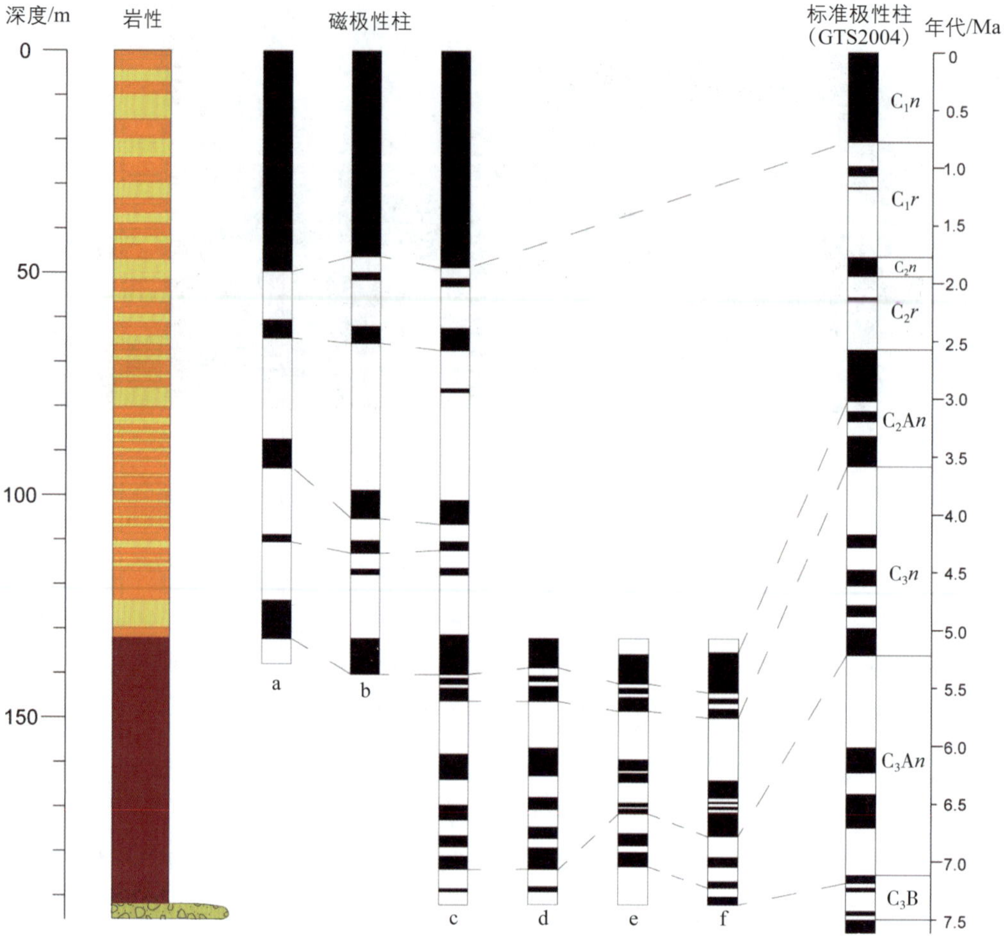

图3.4　蓝田段家坡（刘家坡）黄土-古土壤—蓝田组红黏土古地磁年代结果对比

a—刘家坡剖面黄土-古土壤，2.6 Ma，孙建中等，1987；b—段家坡剖面黄土-古土壤，2.45 Ma，岳乐平，1989；c—段家坡剖面黄土-古土壤—蓝田组红黏土，5.0 Ma，Zheng et al., 1992；d—段家坡剖面蓝田组红黏土，5.3 Ma，岳乐平，1996；e—段家坡剖面蓝田组红黏土，6.8 Ma，Sun et al., 1997；f—段家坡剖面蓝田组红黏土，7.3 Ma，安芷生等，2000

照新的标准地层年表应为2.58 Ma）前。Zheng et al.（1992）首次对195 m厚的整个黄土-古土壤—红黏土序列进行了系统磁性地层学测年，发现M/G界线位于黄土-红黏土界线之上1.5 m，认为黄土底界年龄为2.5 Ma（按照新的标准地层年表应为2.58 Ma），红黏土底界为5.0 Ma，并第一次提出段家坡红黏土可能为风成成因。岳乐平（1996）测定了段家坡剖面红黏土年代，得出了5.3 Ma的底界年龄结果，提出红黏土时代相当于高斯期、吉尔伯特期和Epoch5上部。Sun et al.（1997）对段家坡剖面红黏土的磁性地层学研究结果指示，G/M界线位于黄土-红黏土界线下部1.48 m，红黏土底界年代为6.8 Ma。安芷生等（2000）重新测量了段家坡剖面的红黏土地层年代，认为底部负极性段属于3Br期，根据沉积速率推算底界年龄为7.3 Ma。由于各位研究人员在野外采样间距密度、实验室分析中采用不同的古地磁退磁步骤、剩磁测量仪器设备和古地磁结果分析方案，以及用于最终结果对比的标准磁极性柱都可能存在比较大的差异而最终造成对同一地区乃至同一剖面的黄土-古土壤序列和蓝田组红黏土古地磁测年结果有不同结论。如第2章所述本研究将原属于蓝田组底部厚度为2～3 m的砾石层划归入灞河组，综合上述测年结果，本研究认为将蓝田组底界年龄定为～7 Ma较为合理。

3.4.2 样品的退磁结果

2012年4—5月在陕西蓝田段家坡剖面手工采集灞河组水平面定向块状古地磁样品。所采样品大小规格约为10 cm×10 cm×8 cm，在大多数泥岩、泥质粉砂岩和粉砂岩地层中采集样品间距为0.2 m，其中在部分松散的砂岩和砾岩中采样间距适当加大到0.4 m，主要选择细粒物质条带或透镜体采集，最终在246 m厚的灞河组中共获得了1200块野外古地磁定向样品。将每块样品在室内切割成2 cm×2 cm×2 cm的立方体样品用于实验测试，由于野外采样间距已经足够密集，最终根据实验情况交叉选择621块样品进行热退磁测试实验。全部样品的退磁及剩磁的测量是在中国科学院地球环境研究所黄土与第四纪国家重点实验室环境磁学实验室的室内磁屏蔽室（静磁场＜300 nT，室内绝大部分磁场低于100 nT）中进行，剩磁测量使用美国产2G-755R超导磁力仪测量。

大部分样品共进行20步系统热退磁，具体测试步骤分别为：NRM、50 ℃、100 ℃、120 ℃、150 ℃、200 ℃、250 ℃、300 ℃、350 ℃、400 ℃、450 ℃、500 ℃、550 ℃、580 ℃、600 ℃、620 ℃、640 ℃、660 ℃、680 ℃、690 ℃，其中包含主要磁性矿物的居里温度点，部分样品加热到680 ℃时就可以达到理想的退磁程度。在样品测试过程中，当其剩磁强度低于天然剩磁强度的10%时，便可认为剩磁基本被退完。本次研究中，大部分样品最终的剩磁强度都低于天然剩磁强度的5%。

图3.5为段家坡剖面灞河组部分代表性样品系统热退磁结果，上部为正交投影图，下部为剩磁强度随温度变化图。总体来看，本实验退磁结果比较理想，基本都能获得特征剩磁，天然剩磁强度（NRM）通常在10^{-4}～10^{-5} A/m量级。大多数样品都表现出单一磁性行为：样品的磁性特征显示可以区分出两种主要磁性分量：50～250 ℃的低温分量和250～690 ℃的中高温分量，两者方向有明显变化，250 ℃以下的低温分量方向不稳定，多数与现代地磁场方向一致，可能是次生黏滞剩磁。50～100 ℃时，次生黏滞剩磁（VRM）稳定减少；在100～200 ℃之间，大多数样品的磁性强度明显降低，剩磁方向也同时发生比较显著的变化，这指示了样品中含有一定量的针铁矿（尼尔温度为120 ℃），随着温度升高它所携带的次生剩磁被逐渐清除掉。在250 ℃之上，特征剩磁已被明显分离并向原点线性趋近，这很可能是原生剩磁分量造成的。大部分样品在逐步加热到580 ℃后表现出了稳定的热剩磁组分，指示主要剩磁组分可能是磁铁矿（居里温度为578 ℃）。然而部分样品需

要加热到690 ℃才指示一个稳定的剩磁组分（图3.5），显示了高矫顽力特征，暗示了有部分赤铁矿（居里温度为675 ℃）的存在。

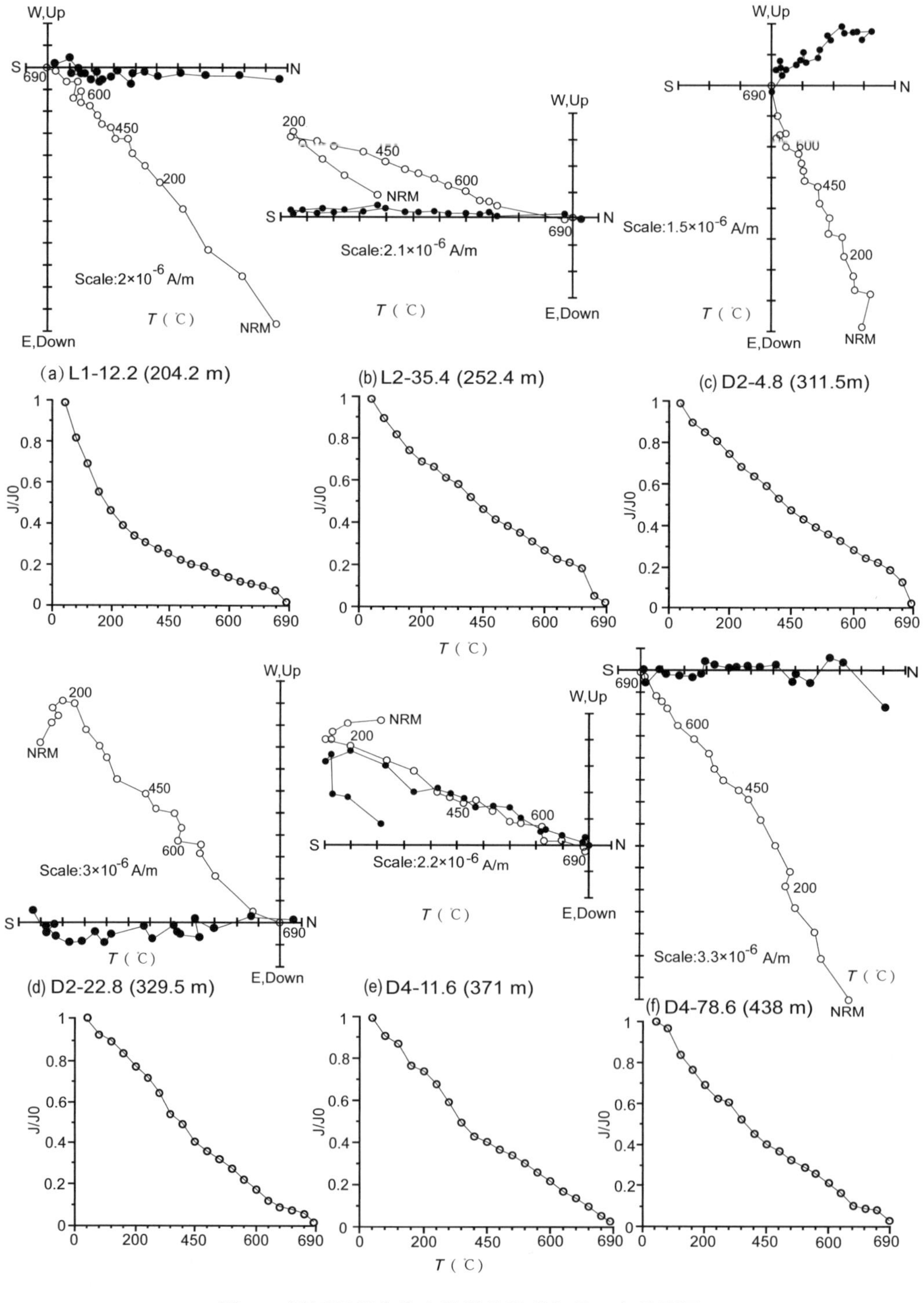

图3.5　灞河组部分代表性样品退磁矢量正交投影图

实心和空心圆圈分别代表剩磁方向在水平面和垂直面上的投影，W为西，N为北，Up为上实测数据使用Enkin软件（Kirschvink，1980）进行数据处理，采用正交投影图和主成分分析法对热退磁分离出的特征剩磁（ChRM）进行分析（Zijderveld，1967；Kirschvink，1980），正交投影图（Zijderveld矢量图解）是把样品在退磁过程中各个阶段实测的剩余磁性矢量的变化投影在水平面与垂直面上的一种图解方法，是荷兰人Zijderveld于1967年最早使用的一种方法，所以也叫做Zijderveld法（Zijderveld，1967；朱岗昆，2005）。实心点代表水平方向的偏角，空心点代表垂直方向的倾角，每个数据点距离原点的距离与投影到每个平面的NRM矢量强度成正比。主成分分析法（Principal Component Analysis）最早由Kirschvink（1980）提出，用最少平方法决定最优直线来确定正交投影图中散乱方向样品的方向。分析精度由最大角度偏差（Maxumum Angular Deviation，MAD）决定。一般认为，MAD≧15° 时，得出的方向不可靠；MAD≦10° 时，结果是可信的。由于在此方法中，各个数据点到原点的趋势决定了特征剩磁的方向，所以在分析时是否将原点也作为数据点得到的结果是有一定差别的。目前一般采用三种方法：强迫直线通过原点；将原点作为数据点；数据点不包括原点。

选取至少4～8个连续的剩磁分量投影点进行特征剩磁方向拟合，将拟合后最大角偏差（Maximum Angular Deviation，MAD）小于15° 的特征剩磁方向用于确定样品序列的磁极性序列。最终，在621块热退磁样品中，有575块（92%）样品获得了可靠的特征剩磁方向。特征剩磁方向利用最小二乘法（Kirschvink，1980），选择具有稳定组分的多个退磁温度（最少4个，通常4～8个）的剩磁矢量进行拟合。所有样品特征剩磁组分的方向性都通过主成分分析法进行计算，MAD基本都小于10° ，部分小于5° ，共有超过92%的样品（575块）符合要求，说明样品特征剩磁可信度较高。另外，对整个渭河盆地地质演化历史的研究（第2章）表明，在新生代蓝田地区地表没有发生过火山或岩浆喷发活动，因此所采集样品基本不存在被重磁化的可能，样品所记录的信息应该是可靠的。由样品特征获得的磁倾角和磁偏角结合野外测量计算出虚拟地磁极（Virtual Geomagnetic Pole，VGP）并依次得到剖面的磁极性序列。

3.4.3　磁性地层年代的建立

段家坡剖面黄土–古土壤序列和蓝田组红黏土的磁性地层年代来自前人大量的研究结果（岳乐平，1989，1996；Zheng et al.，1992；Sun et al.，1997；安芷生等，2000；图3.5），其中上覆蓝田组红黏土的古地磁研究为灞河组确定了一个相对精确的上界年龄，约为7 Ma（Sun et al.，1997；安芷生等，2000），为本书磁性地层对比工作提供了重要的年代参考点。本次研究在段家坡剖面灞河组中共分离出10个正极性带和10个反极性带（图3.5）。根据前人在本地区的大量古生物学研究（例如：李传夔等，1984；Qiu and Qiu，1995；Zhang et al.，2002，2008），灞河组哺乳动物化石组合多属晚中新世。在此基础上，将对段家坡剖面灞河组获得的磁极性柱与国际通用的标准磁极性年表进行对比（Ogg and Smith，2004），经过仔细对照发现与此年表C3Bn到C5n.2n期间的年代标尺极为吻合，C3B极性段对应于灞河组的0～50 m，其中包含了三个正极性亚带C3Bn，C3BR.1n和C3BR.2n以及对应的三个负极性亚带。C4极性段对应于灞河组的50～108 m，其中包括了两个主要的正极性亚带C4n.1n，C4n.2n，但是没有记录到正极性亚带C4r.1n；C4A对应于灞河组的108～189 m，其中包括了三个正极性亚带C4An，C4Ar.1n和C4Ar.2n；灞河组底部对应于C5n.2n，底部有厚达45 m的正极性段，在剖面底部以下还有至少3～4 m厚的地层濒临灞河岸边，被现代河流沉积所覆盖，根据整个剖面和底部灞河组沉积速率推算灞河组底部年龄约为11 Ma。据此得到剖面时间从大约7 Ma直到11 Ma（Wang et al.，2014；图3.5）。这一结果与Kaakinen（2005）和Zhang 等（2013）的研究结果一致，将整个蓝田白鹿塬地区段家坡剖面晚新近纪地层序列年代进行整体厘定，从全剖面的古地磁年代出发对比，是基于前人研究基础上进行的（岳乐平，1992；Zheng et al.，1992；Sun et al.，1997；Kaakinen and Lunkka，2003；Kaakinen，2005）。段家坡磁极性可以与标准磁极性柱进行很好的对比（GPTS2004，Ogg and Smith，2004）。高斯/布容（M/G）界线位于黄土与红黏土界线之上1.5 m（Zheng et al.，1992）。

红黏土的底界包括了Chron 3B，大约是7 Ma（Sun et al.，1997；安芷生等，2000）。246 m厚的灞河组记录了几乎所有从C3Br.1n开始到C5n.2n的磁极性事件，只有位于9.312～9.409 Ma之间的一个磁极性亚带C4Ar.1n没有可以对应的确切记录。灞河组底部超过3 m部分被灞河现代河流沉积覆盖而不能采样，根据沉积速率推算此处最老的磁极性界线应该已经到达11 Ma（Wang et al.，2014；图3.6）。

灞河组在早期曾被认为是早上新世（刘东生等，1960；张玉萍等，1978），然而，20世纪90年代对上覆蓝田组红黏土的详细磁性地层年代研究表明，红黏土是在晚中新世—上新世广泛沉积的（Sun et al.，1997；安芷生等，2000），据此就足以确认灞河组的上界最晚已经到了晚中新世。此外，蓝田是亚洲晚中新世最好的哺乳动物化石地点之一，灞河组生物化石层位与亚洲和欧洲其他的陆地生物化石年龄可以很好的对比（Zhang et al.，2002），而且也为本次古地磁年代对比提供了很好的生物地层控制。研究剖面的古地磁结果与之前的生物地层和磁性地层学结果吻合得很好（Zhang et al.，2002，2013；Kaakinen 2005），近四十年来的古生物化石和古地磁研究均指示灞河组在年代上应该属于晚中新世（李传夔等，1984；Zhang et al.，2002，2008，2013；Qiu et al.，2003，2004a，2004b；Kaakinen，2005）。例如，三趾马化石的首次出现层位在C5n.2n（9.99～11.04 Ma）内，Zhang 等（2002）根据沉积速率推算确定其年代为10.2 Ma，同时期地层中相关的化石组合均指示了晚中新世为灞河组沉积的开始，这同时也得到原鼢鼠（Progonomys）和一系列下部地层发现的小哺乳动物化石证据的支持（Zhang et al.，2002，2013）。本书和前人古地磁定年结果（Kaakinen et al.，2005；Zhang et al.，2013）与化石记录一致表明，灞河组沉积位于11～7 Ma 的晚中新世。

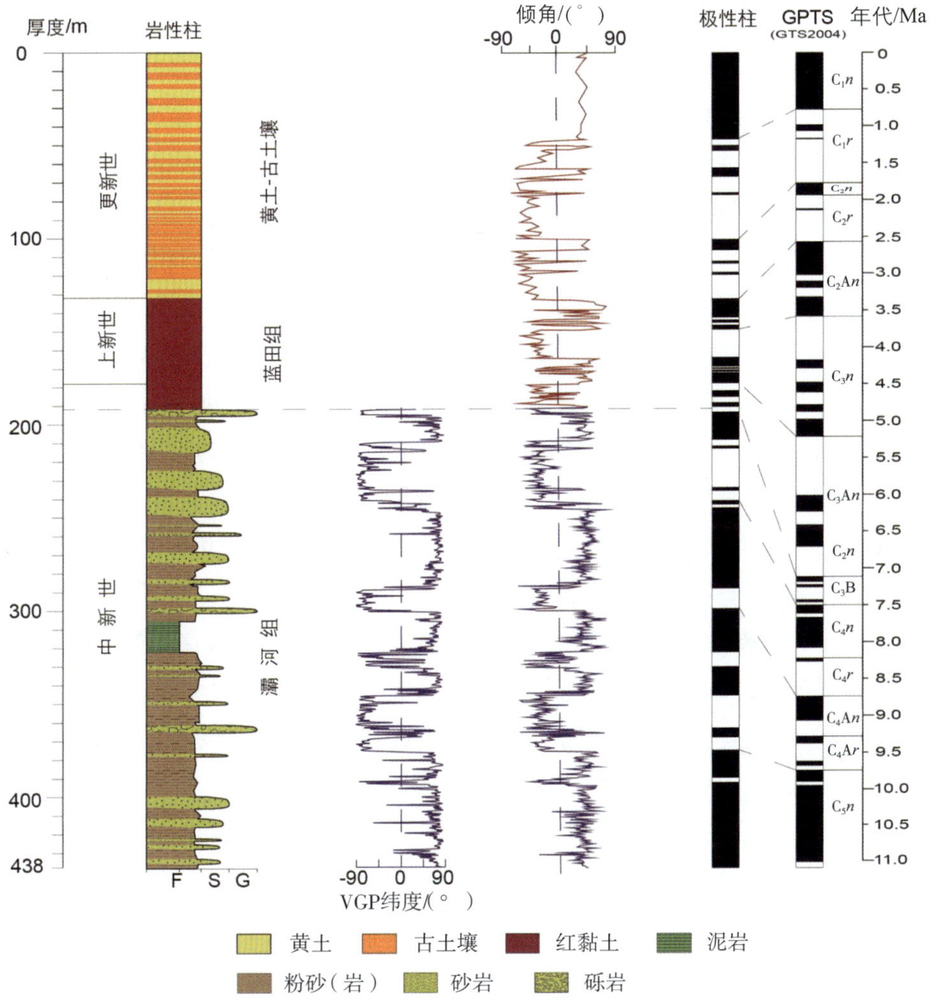

图3.6 段家坡剖面岩性、磁极性柱和与标准极性柱的对比
(GTS04，据Ogg and Smith，2004；0～7 Ma的数据综合来自Sun et al.，1997；Zheng et al.，1992；安芷生等，2000)

本次研究将蓝田地区连续的地层沉积序列从蓝田组红黏土底界向下延伸了4 Ma，这个结果为灞河组提供了一个准确的绝对年代，是讨论灞河组地质和环境变化的基础，同时也为研究和认识中国北方哺乳动物群提供了重要年代信息(Zhang et al.，2002；Kaakinen，2005)。根据前人对灞河组和整个蓝田新生代地层的研究，完全有可能在现有生物地层学基础上，将蓝田地区含哺乳动物化石地层的时代用磁性地层学或其他测年手段继续向前推进到中中新世甚至更早的时期。

Zhang et al.(2002)新的化石证据表明，灞河组发现的哺乳动物化石组合明显不同于典型意义上的保德三趾马动物群，如大型半高冠的三趾马(*Hipparion weihoense*)、巨型鬣狗(*Percrocuta macrodonta*)、内旋的大转角羚(*Shaanxispira chowi*)等都为灞河期所特有；大哺乳动物化石以灞河三趾马与贾氏三趾马为代表，牛科化石组合和巨鬣狗化石与保德期都有明显的差异，灞河组的鹿科化石种类和数量都比保德动物群少得多。蓝田组底部（红黏土之下）发现的与保德动物群相当的大量化石材料表明，动物群组合的转换时期发生在灞河组与蓝田组界线附近或稍早。Kaakinen（2005）通过对段家坡剖面已经发现和整理的哺乳动物化石研究认为，其主要集中于灞河组中部（9.9 ~ 7.7 Ma）和蓝田组底部（6.8 ~ 6.0 Ma，若按本书新的磁性地层年代解释应为约7.0 ~ 6.0 Ma）。

在地层上，在陕西蓝田组层型剖面上，灞河组与上覆的蓝田组间有一明显的砾岩层，形成不整合接触（张玉萍等，1978；王斌等，2013）。根据Sun等（1997）和安芷生等（2000）及本书的古地磁解释，灞河组沉积向蓝田组红黏土沉积转换过程发生于 ~ 7 Ma。灞河组中含有大量哺乳动物化石及化石碎片，李传夔等（1984）根据灞河组发现的哺乳动物化石建立了灞河期，并认为其可与欧洲的Vallesian期对比，时代为晚中新世。Qiu and Qiu（1995）曾认为建立灞河期化石证据不够充分，而将其与保德期合并。Zhang et al.（2002）根据在蓝田地区新发现的化石材料重新启用了“灞河期”这一名称，之后Deng（2006）恢复并提倡将晚中新世分为灞河期和保德期的方案，邓涛等（2013）根据磁性地层学测年认为临夏盆地晚中新世柳树组涵盖了上中新统上部的保德阶和上中新统下部的灞河阶，其中保德阶以三趾马*Hipparion forstenae* 首次出现为标志，底界年龄为7.25 Ma。保德期与蓝田组下部红黏土在沉积时间和地层序列哺乳动物化石上均可以完全对应，过去二十几年间大量的年代学研究表明，大范围红黏土沉积最早开始于约7 ~ 8 Ma前，蓝田段家坡红黏土也是其中一部分（Sun et al.，1997；Ding et al.，1998；安芷生等，2000）。因此，狭义的保德期可能只代表了晚中新世晚期相当于蓝田组底部不到3 Ma的早期红黏土沉积时段。基于以上新的化石材料与详细的地层年代学工作，本研究支持将灞河期作为老于保德期的地层年代单位独立存在，横向对比大致相当于国际标准地层GPTS2012中的Tortonian阶（11.63 ~ 7.25 Ma）（Gradstein et al.，2012）。

3.4.4 沉积速率分析

根据整个段家坡剖面的地层厚度和磁性地层年代，可以计算出剖面不同时期的沉积速率（图3.7）。由图3.7可以看出，段家坡剖面沉积速率随时代推移变化很大，其原因在于灞河组在风尘沉积的同时有大量河湖洪泛相快速堆积的混入，其沉积速率远大于纯粹的风尘沉积；蓝田组沉积的晚中新世—上新世，全球环境相对暖湿，干旱区面积逐步扩张，冬季风增强，在风尘物源和动力都开始呈上升趋势的情况下，粉尘沉降速率呈现相对比较低的状态；从大约3 Ma 开始，北半球冰盖开始形成，全球普遍降温进入第四纪冰期，在这种大背景下，作为粉尘物源的亚洲内陆地区干旱区面积急剧增大，不管是黄土高原还是北太平洋深海沉积都记录到了粉尘沉积速率的迅速增大（Rea，1994；Rea et al.，1998；An et al.，2001）。

段家坡地区作为黄土高原南缘的一个剖面，自然也可以在2.6 Ma内接受厚达132 m的

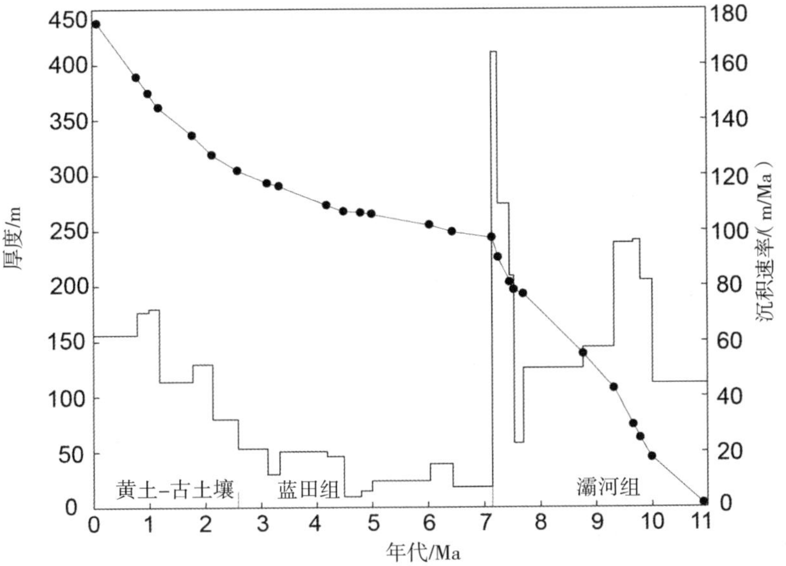

图3.7 段家坡剖面沉积速率随地层年代的变化

11 Ma来的沉积速率变化总体呈现两头高中间低的趋势，平均沉积速率是39.82 m/Ma，其中灞河组最大为61.5 m/Ma，蓝田组最低为13.64 m/Ma，黄土-古土壤部分较高为50.77 m/Ma

黄土-古土壤沉积，远远超过了蓝田组红黏土长达4.4 Ma期间只沉积60 m的速率。在这三个大的沉积阶段中还经历了三次明显的沉积速率增加阶段：9.99 ~ 9.3 Ma（91.61 m/Ma），7.45 ~ 7.14 Ma（129.01 m/Ma），2.6 Ma以来（50.77 m/Ma）。其中，9.99 ~ 9.3 Ma这次沉积速率增大可能是秦岭抬升剥蚀加剧的沉积响应（Liu et al.，2012）；7.45 ~ 7.14 Ma这一段在沉积相上是一层砾石，位于灞河组顶部，是与上覆蓝田组的界线，可能是这一时期秦岭构造抬升附加大气环流变化（夏季风增强）而引起侵蚀加剧的结果；至于2.6 Ma以来沉积速率的增加就如上所述，完全是第四纪全球变冷变干引起黄土粉尘沉积规模和速率增加造成的，在整个黄土高原黄土-古土壤-红黏土风尘沉积序列（安芷生等，2000；An et al.，2001；Guo et al.，2002）和北太平洋深海沉积（Rea et al.，1998）都有一致的记录。

3.5 区域地层对比和灞河期古环境

Li（1995）和方小敏等（1997）于20世纪90年代在甘肃临夏盆地发现了与灞河组地质环境和沉积时代都相当的地层，称为东乡组“斑马层”，其磁性地层年代为11.42 ~ 7.78 Ma，时代与蓝田灞河组大致相同。并且两个剖面均处于秦岭造山带北麓，前者位于西秦岭前陆盆地凹陷带中（Fang et al.，2003），后者处于东秦岭北侧新生代汾渭地堑盆地。如果按照传统认识，二者沉积相有较大差别：东乡组“斑马层”是由灰白-灰绿色泥灰岩与紫红色黏土相互交替的湖相层组成（Li，1995）；Kaakinen and Lunkka（2003）对灞河组的沉积学研究认为，灞河组主要是在地壳活动微弱、地表坡度很小的低能河流环境下沉积。新的研究都从两组地层中分离出了风尘沉积，不同的是，临夏盆地东乡组是风尘沉积直接降落在湖里（Fan et al.，2006），而灞河组则很可能是风尘沉积与河湖相互层。李吉均等（2007）报道了在西秦岭北缘陇中盆地东南缘天水地区灞河期地层的研究结果，认为同为“灞河期”的尧店组古地磁年龄为11.67～7.43 Ma，与灞河组和东乡组“斑马层”在时代上大致对应。尧店组沉积相包括洪泛平原、河道、浅湖沉积体系，在7.4～7.7 Ma之后，变为红黏土为主的风尘沉积，这一时期森林草原植被发育，三趾马动物群繁盛（李吉均等，2007）。

蓝田地区大约7 Ma由河湖相沉积转变为红黏土沉积（Sun et al.，1997；Kaakinen and Lunkka，2003），同时当地气候环境也发生明显变化。张玉萍等（1978）指出灞河组孢粉化石以草本植物为主，木本较少，动物群出现齿冠较高的羚羊Antelope sp.和半高冠的长颈鹿科动物Palaeotragus sp.，等草原性代表动物群，而缺少森林性动物。这些动植物化石共同表明灞河组时期生态环境以半干旱草原型气候和动物群为主，与上覆的蓝田组森林性动植物有显著不同（李传夔等，1984；张玉萍等，1978）。与其他新近纪盆地沉积的对比表明似乎7～8 Ma左右灞河组—蓝田组转变时期发生的气候环境变化事件在大区域范围内普遍存在，在临夏盆地8 Ma左右由“斑马层”突然转变为柳树组褐黄色细粒碎屑沉积（Li，1995；方小敏等，1997），孢粉组合由针阔叶混交林植被转变为以草原植被为主（马玉贞等，1998）。河西走廊酒泉盆地8.26 Ma左右由沉积速率低的半深湖至浅湖细粒沉积转变为高沉积速率的扇三角洲砾岩沉积（宋春晖等，2001），孢粉组合从8.6 Ma开始显示草本植物含量大幅增加变为优势分子，针叶树和温带、暖温带阔叶树含量剧烈减少（马玉贞等，2004）。灞河期与保德期之间发生的动物群生态类型的转变显示从干热的草原向相对湿润的森林草原转变，孢粉研究也得到同样的结果（孙秀玉等，1980），这种生态系统转变可能与这一时期东亚季风气候发生重大演变，特别是夏季风加强有关（Zhang et al.，2002；Kaakinen et al.，2006；邓涛，2006）。7～8 Ma前包括蓝田地区在内整个黄土高原东部风成红黏土沉积的大规模开始以及其他区域沉积类型的变化既受全球大尺度气候格局变化的控制（安芷生等，2000；Zhang et al.，2002；Kaakinen and Lunkka，2003；Fan et al.，2006），也受到区域构造事件引起局部地貌形态改变的影响（刘池洋等，2006；Yue et al.，2007；Wang et al.，2017）。

在青藏高原南部，Quade et al.（1989）通过对巴基斯坦北部西瓦里克群古土壤碳酸盐及有机质$\delta^{18}O$及$\delta^{13}C$的研究，提出在约7.4～7.0 Ma泛滥平原上的植被由森林和灌丛转变为草原。Burbank et al.（1993）随后按照新的古地磁年表重新进行地层年代对比认为巴基斯坦森林植被转变为草原植被发生在7.8～7.6 Ma，在尼泊尔西部和中部两个地方，这种转变分别发生在7.4和5.9 Ma。Quade et al.（1995）进一步研究工作发现尼泊尔西部草原大扩张事件发生在7.0 Ma，比巴基斯坦地区晚了0.7 Ma，这次环境变化事件被认为与青藏高原隆升及全球气候变化有关。

以渭河三趾马（Hipparion weihoense）为代表的灞河动物群在蓝田灞河组、甘肃临夏和天水地区同时都有大量的发现（Kaakinen and Lunkka，2003；邓涛，2006，2011；李吉均等，2007）。邓涛（2006）发现临夏盆地灞河期新出现的食草动物和食肉动物大都属于适应于开阔草原的类型，因而，说明中晚中新世之交发生了显著气候变化。包括临夏盆地在内的整个中国北方晚中新世都没有发现灵长类化石，这可能与东亚季风在本地区的发展有关，它使气候变得干燥，同时季节性进一步加强（Biasatti et al.，2010）。李吉均等（2007）根据在陇中盆地，灞河期后的保德期红层中出土数量惊人的三趾马动物群化石，与现代马相比，三趾马的四肢更为细长、具有卓越的奔跑能力，应生活于相当开阔的草原环境，据此推测上新世时西秦岭地区海拔还比较低缓。但Deng et al.（2012）最新研究认为三趾马和藏野驴一样也可以生活在高海拔地区，因而，三趾马化石的存在可能并不足以作为青藏高原和西秦岭地区在上新世仍然保持较低海拔的有力证据。Ge and Guo（2010）和Ge et al.（2012）根据西秦岭晚中新世10 Ma以来大量风尘沉积的完整保存推论西秦岭至少在10 Ma以前即已隆升到现有高度，之后没有较大规模构造抬升，否则风尘沉积将会被侵蚀掉而无法保存至今。Liu et al.（2012）通过对东秦岭和华山的系统裂变径迹热年代学研究认为秦岭分别在55 Ma和10 Ma有两次大规模隆升，前一次对应于始新世初渭河盆地的裂陷沉降，后一次正好发生在灞河组沉积早期，正是这期强烈的构造隆升事件基本奠定了东秦岭山脉与今天相似的高度和地貌格局。Kaakinen and Lunkka（2003）通过对灞河组详细的沉积学研究认为灞河组沉积于构造条件稳定的低能环境下，进而推测灞河组沉积期间蓝田地区没有发生过较强烈的构造隆升。但灞河在第四纪下切形成的阶地记录（Porter et al.，1992）和至今仍在活动的秦岭北缘断裂活动（Zhang et al.，1995；Rao et al.，2015）都指示本地区在更新世以来构造活动还在不时发生，可能只是因为这些活动规模较小，程度也比较和缓，前期的沉积没有受到明显的侵蚀和破坏。

3.6 小结

本研究通过详细的磁性地层学研究建立了灞河组的准确地质年代，认为其时代属于11～7 Ma的晚中新世而不是早期认为的早上新世，这为灞河组地层和生物化石群的区域对比提供了精确的年代界定。同时综合前人对灞河组和蓝田组红黏土与保德期哺乳动物化石和沉积相以及古环境的研究认为，灞河组向蓝田组红黏土沉积转变的过程中即8～7 Ma大范围多地点古生物群落的改变以及最新碳、氧稳定同位素的研究，都指示这一时期东亚季风发生了显著改变，在蓝田地区表现为从灞河组较干旱的草原环境转变为蓝田组下部湿润的森林草原。在这一时期除古气候环境发生显著改变外，区域构造格局也发生了重大转变，鄂尔多斯地块开始沉降为大规模风成红黏土沉积提供了堆积场所和长期稳定保存的地貌条件，地貌上初步形成了“红土高原”。地层沉积和动植物化石都指示灞河期与保德期不仅时代上有先后关系，而且具有不同的古生物和古环境意义，应该成为一个独立的地质时期。

4 黄土高原南缘晚中新世以来的风尘沉积

4.1 中国北方风尘沉积研究历史

新生代亚洲内陆干旱化和亚洲季风的形成导致了在中国北方包括黄土高原在内的厚层风成粉尘沉积（例如：刘东生等，1985；Kukla and An，1989；Ding et al.，1998；Guo et al.，2002等）。这些风尘沉积包含了新近纪以来东亚古气候和古环境演变的重要信息，因而已经成为用来研究亚洲季风演化、内陆干旱化历史和青藏高原隆升过程的重要信息载体（An et al.，2001；Guo et al.，2002）。在过去四十年里风尘沉积的开始时间一直是一个备受关注的重要科学问题，迄今尚未得到有效解决。在1980年代，对黄土-古土壤的研究表明风尘沉积开始于至少2.6 Ma 之前（刘东生等，1985；Kukla，1987；Kukla and An，1989；Ding et al.，1992）。到1990年代，对黄土-古土壤下伏的红黏土的研究发现红黏土沉积也是风成成因，这样就将风尘沉积记录由第四纪2.6 Ma扩展提前到了晚中新世7～8 Ma之前（Ding et al.，1998；Sun et al，1997，1998；An et al.，2001；Qiang et al.，2001）。

Guo et al.（2002）在秦安的研究将风尘沉积历史推进到了早中新世22 Ma前。图4.1是在综合前人诸多研究成果基础上恢复重建的中国不同时期风尘沉积分布图，由图中可以看出新近纪以来粉尘沉积分布范围总体呈现扩大趋势。图4.1a显示在晚渐新世—早中新世之交，风尘沉积记录只存在于秦安（22 Ma，Guo et al.，2002）、庄浪（25 Ma，Qiang et al.，2011）、临夏（29Ma，Garzione et al.，2005）和准噶尔盆地（24 Ma，Sun et al.，2010）等零星几个点；图4.1b显示，中中新世时期在前面四个点的基础上又增加了西宁盆地（14 Ma，Lu et al.，2004）、山西石楼（11 Ma，Xu et al.，2009）和蓝田段家坡剖面（11 Ma，本书研究）；图4.1c显示，～8 Ma前起在鄂尔多斯地区开始大范围沉积风成红黏土形成“红土高原”，塔里木盆地出现风成砂沉积（Sun and Liu，2006；Zheng et al.，2004）；图4.1d显示，第四纪2.6 Ma前开始在“红土高原”基础上沉积风成黄土-古土壤序列，形成黄土高原，同时风尘沉积向南扩展到长江流域形成“下蜀土”。

4.1.1 黄土-古土壤研究历史

对中国黄土的现代科学研究最早开始于19世纪末德国地质地理学家李希霍芬，他经过对中国北方大范围黄土沉积特征和分布范围进行考察和研究后首次明确提出了黄土的风成成因理论。20世纪50年代开始，以刘东生为代表的中国学者对以黄土高原为中心的中国黄土分布范围、地层结构、地层划分、物质成分与结构以及黄土中的古生物化石进行了大量

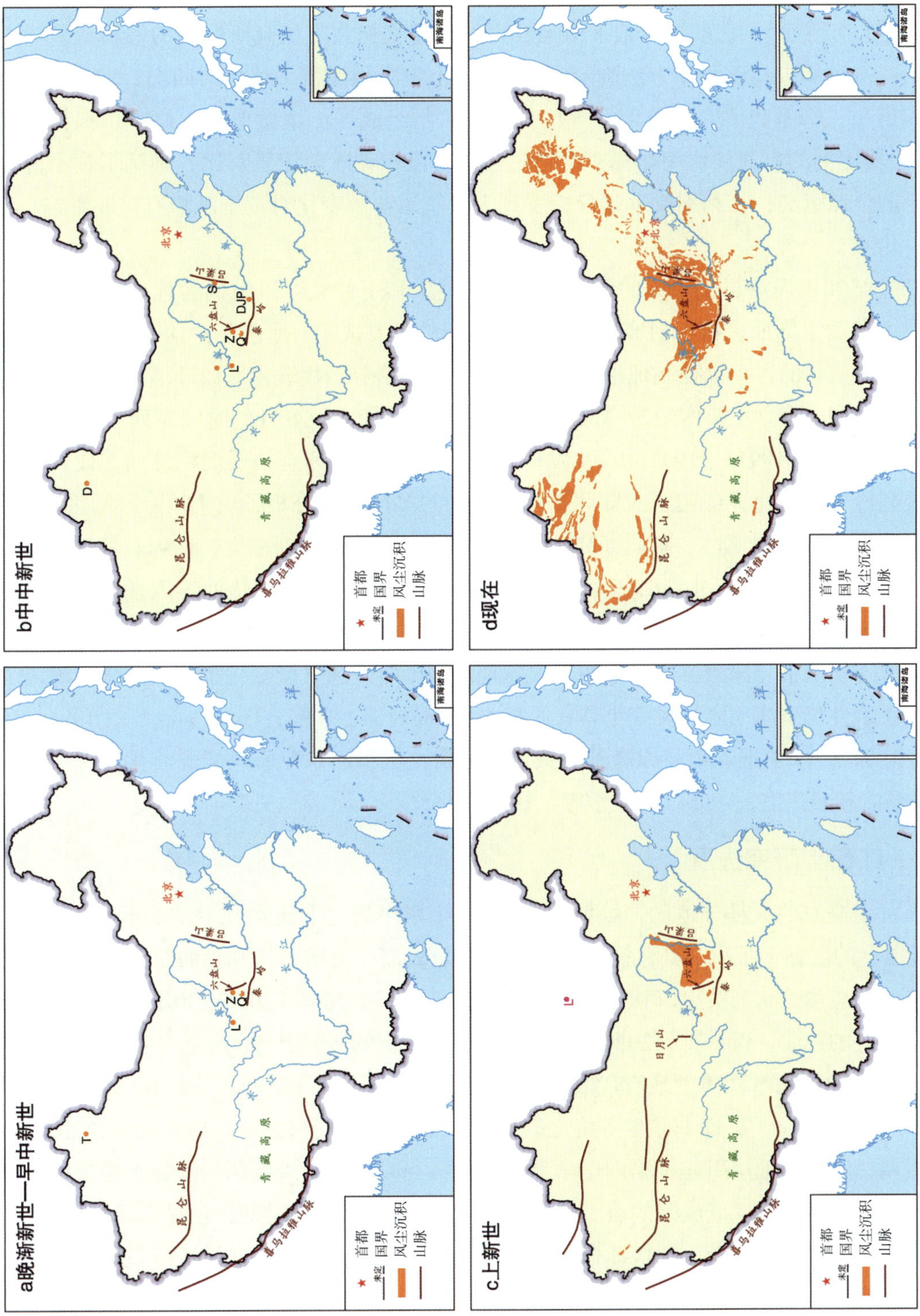

图4.1 晚新生代中国风尘沉积分布范围的时空变化
（修改自鹿化煜等，2008）

系统研究，论证了黄土的物质来源、风成成因以及搬运、沉积和演化的整个地质过程（刘东生等，1962，1964，1965，1966）。代表性的经典著作是由刘东生等编著，于1985年出版的《黄土与环境》，它系统总结了截至20世纪80年代初黄土研究所取得的最新成果。主要包括：①利用古地磁测年方法确定了黄土-古土壤沉积涵盖了整个第四纪2.6 Ma来的风尘沉积历史；②系统研究了粒度、地球化学、矿物组成、土壤微形态、蜗牛、孢粉等黄土-古土壤序列的古气候代用指标；③通过与深海沉积和冰芯记录对比，确认了黄土古气候记录的全球意义；④利用频率谱分析发现天文轨道参数变化对黄土沉积有重要影响（孙东怀，1997）。

20世纪90年代对黄土研究的领军人物是安芷生和丁仲礼，以他们为代表的研究人员经过对大量黄土剖面多指标研究取得了一系列新的重要成果（孙东怀，1997）：①提出了黄土沉积与演化的古季风控制理论，指出黄土和古土壤分别代表古气候环境的冬季风和夏季风盛行时期，建立了第四纪2.6 Ma来不同时间尺度东亚季风变迁的时间序列（丁仲礼等，1989；An et al.，1991a，1991b）。②发现了黄土-古土壤序列有37层沉积旋回，代表了37次暖湿到冷干的变化，证明了大陆冰期和间冰期的多样性；分析了黄土-古土壤序列记录的东亚季风变迁的周期性、阶段性和特征气候事件（丁仲礼和刘东生，1991；Ding et al.，1992，1994）。③论证了北纬65° 太阳辐射、南北极冰盖和区域下垫面等因素在黄土沉积和东亚季风演化中起到重要控制作用（安芷生等，1990，1991a，1991b；An et al.，1991a，1991b）。④确认了与深海沉积对应的末次冰期旋回千年快速气候变化事件，并分析确认了这种气候事件与高纬地区气候变化具有遥相关（Ding et al，1995；Porter and An，1995；孙东怀，1997）。⑤发现青藏高原隆升对黄土高原黄土沉积和东亚季风起源演化具有深刻影响（吴锡浩和安芷生，1996；安芷生等，1998）。

4.1.2 红黏土研究进展

在黄土高原的大部分地区，第四纪黄土-古土壤序列之下还发育了厚度不等（从数米到数十米）的红黏土沉积，其色泽偏红、黏粒含量较高、土壤结构和钙质结核发育、分层性不明显，总体性状与黄土沉积中的古土壤类似。红黏土沉积在20世纪30年代就引起了杨钟健等学者的关注，但一直到20世纪80年代，对红黏土的研究只局限于古生物学家在其中寻找古脊椎动物化石，其中最有代表性的典型动物化石是“三趾马”，因而红黏土也习惯被称作“三趾马红土”，而刘东生等将之简称为“红黏土”（刘东生等，1985）。在20世纪80年代后期，红黏土地层引起了第四纪学者的关注，当时的普遍观点认为红黏土是流水作用形成的，不同于上覆风成成因的黄土-古土壤。红黏土沉积前后时期，正是全球构造-气候环境发生重大变革的时期，北极冰盖从小变大，全球气候从阶段性持续变冷发展到第四纪大冰期的发生和冰期-间冰期交替旋回。就亚洲地区而言，亚洲季风系统也可能在这个时期发生了重大调整，因此在这一时期形成的红黏土沉积，成为这一系列构造-气候事件的翔实记录者。

关于红黏土的成因，尽管之前早已有所谓的“风成说”“残积说”等不同的观点解释，但直到20世纪80年代，主流的认识仍基本认为红黏土主要为湖相成因。从20世纪80年代末开始，随着过去全球变化研究的不断发展，尤其是黄土古气候学研究的日益深入，人们开始重新关注黄土下伏红黏土的成因并开展大量研究，主要的科学问题包括红黏土的成因、年代和古环境意义。Liu et al.（1988）和刘秀铭等（1989）分析对比了西峰剖面红黏土与典型黄土、河流相沉积、南方风化壳的磁化率各向异性（磁组构），首次论证了红黏土的风成成因；赵景波（1989）通过对蓝田刘家坡和保德黄土与红黏土矿物组成、化学成分和土壤学特征对比分析提出红黏土与黄土具有一致的物质组成和土壤学特征，进一步提供了红黏土风成成因的证据；Zheng et al.（1992）首次提出蓝田段家坡红黏土的风成成因说。于是到20世纪90年代关于红黏土的沉积成因就有了很大争议，主要观点有“风成说”和“水成说”。风成说认为红黏黏土沉积与上覆第四纪黄土具有相同的风成成因。水成说的证据主要有两个：①部分红黏土层位含有河流相砂砾石和明显层理，有水流作用痕迹；②红黏土地层中含有大量大型哺乳动物化石，而大型化石的埋藏必须是一个较为快速的堆积过程，风尘沉积速度较慢，只有快速的流水作用才能满足条件。

在过去20多年里，众多学者将黄土研究的思想和沉积学、地球化学、岩石磁学和土壤微形态学方法用于红黏土研究，取得了很多新的突破（例如：丁仲礼等，1997；Sun et al.，1997，1998；Ding et al.，1998；鹿化煜和安芷生，1999；Lu et al.，2001；Qiang et al.，2001，2011；Nie et al.，2007；Xu et al.，2009），为红黏土的风成成因提供了更多充实的证据：①红黏土在不同高度和类型的地貌单元上都有披覆式分布，不受固定高程和下伏地貌影响；②红黏土经常与早更新世午城黄土共同出现，分布范围略小于黄土；③红黏土中发育与黄土-古土壤类似的古土壤和钙结核层；④红黏土中哺乳动物和蜗牛化石都是陆生类型，未发现水生化石；⑤红黏土粒度偏细，经长距离搬运；⑥地球化学研究表明红黏土与黄土具有一致的元素和矿物组成；⑦岩石磁学证据显示红黏土和黄土沉积中磁性矿物种类和组成相同。以上证据都强有力地证明，尽管红黏土在沉积过程中和沉积后期的局部层段，可能会有地表流水作用不同程度的改造使其发生重新聚集，但其主体（尤其是原始物质来源）属于风尘沉积的观点已经广为学术界接受，红黏土与黄土同样都是东亚冬季风和西风从亚洲内陆干旱地区远距离搬运输送而来的粉尘沉积。

20世纪80年代以来红黏土研究的另一重要进展是磁性地层年代的建立，从20世纪80年代末认识到红黏土可能也是风尘沉积开始，众多研究者应用古地磁手段对黄土高原地区大量红黏土剖面进行了年代学研究，使得红黏土的地层划分进入了精细化阶段。其中最早的是Liu et al.（1988）对西峰陈家庄红黏土剖面（未见底）的磁性地层学测年表明红黏土底界在G/Gi界线附近，约3.6 Ma。随后，Rutter et al.（1991）和Evans et al.（1991）测出宝鸡剖面红黏土底界年龄是～4.6 Ma。Zheng et al.（1992）首次对蓝田段家坡剖面黄土-红黏土序列进行了系统测年，认为其代表了5.0 Ma来的风尘沉积。

迄今为止，在六盘山以东的黄河中游地区，已经建立了十几个红黏土剖面的磁性地层序列。薛祥煦等（1995）测得府谷剖面红黏土顶底界为4.7～8.0 Ma。岳乐平（1996）对段家坡剖面62 m厚的红黏土测年结果显示底界年代为5.3 Ma。丁仲礼等（1997）测量了佳县剖面的红黏土底界年龄为5.25 Ma。Sun et al.（1997）测得西峰巴家咀剖面和蓝田段家坡剖面的红黏土底界年龄分别为6.6 Ma和6.8 Ma，扣除底部含砂砾石部分，认为上部典型风尘沉积开始于6.5 Ma前，从而推测东亚季风也起始于同一时间。Sun et al.（1998）对灵台任家坡剖面和西峰赵家川剖面测量的磁性地层年代底界分别是7.2 Ma和7.6 Ma，Ding et al.（1998）在灵台剖面的磁性地层研究结果得出7.05 Ma的底界年代。岳乐平等（1998，1999）研究了黄土高原北部和东部边缘的榆林剖面及静乐剖面，二者红黏土底界年龄为5.0 Ma和3.0 Ma。杨石岭等（2000）测得泾川剖面红黏土底界年龄为8.0 Ma。宋友桂等（2000）测得朝那剖面红黏土底界年龄为8.1 Ma，是当时发现的最老红黏土。Qiang et al. 对佳县红黏土剖面进行了重新测量，将其下界推进到了8.35 Ma，成为2009年以前在六盘山以东发现的最老红黏土。薛祥煦等（2001）对旬邑剖面红黏土地层进行了划分和测年，表明其底界年龄为6.8 Ma。岳乐平等（2004）对保德冀家沟剖面进行了磁性地层学研究，根据沉积速率推算红黏土底界年龄约8.0 Ma。综上所述，不同剖面的底界年龄存在差异，这也许在很大程度上真实反映了不同地区红黏土沉积的时代差异性，有些磁性地层年龄的差异也可能是由于不同的采样分辨率造成的。但这些红黏土剖面的底界年龄大多集中于7.0～8.0 Ma左右，因此，当时认为亚洲内陆干旱化和东亚季风出现的时间也在晚中新世7.0～8.0 Ma左右（An et al.，2001；Qiang et al.，2001）。

4.1.3　中新世风尘沉积研究进展

六盘山以西的黄土高原西部甘肃天水地区广泛分布着一套成因复杂的新近纪地层，称为“甘肃群”（刘进峰等，2005）。Guo et al.（2002）最早在甘肃秦安发现了22～6.2 Ma的中新世风尘沉积记录，在253.1 m厚的QA-Ⅰ剖面中发现了231层黄土-古土壤组合，通过磁性地层学结合古生物化石确定了地层年代，利用野外观察、粒度、地球化学、古生物化石、土壤微形态等证明其确为水上气下风尘沉积，这样一来就将风尘沉积时代从7～8 Ma向前大大推进14 Ma到了早中新世的22 Ma，并进一步指示亚洲内陆干旱化和亚洲季风起源于至少22 Ma前（Guo et al.，2002；郭正堂，2010）。之后又在黄土高原西部天水-秦安地区发现了一些中中新世的风尘沉积剖面（Ge et al.，2010；Zhan et al.，2010），Lu等（2004）还在西宁盆地发现了14 Ma的风尘沉积，Garizone et al.（2005）利用Sr-Nd同位素物源分析手段在临夏盆地发现了29 Ma前的远源风尘沉积。Sun et al.（2010）在准噶尔盆地发现了24 Ma前的风尘沉积，Qiang et al.（2011）通过对临近秦安剖面的庄浪钻孔研究认为风成红黏土沉积底界已到达25 Ma前，这样又将风尘沉积起始时间提前到了晚渐新世。但之前所有老于8 Ma的风尘沉积序列均位于六盘山以西，研究者曾一度认为在黄土高原东部由于构造背景差异可能缺失更老的风尘沉积（Hao et al.，2004）。究竟是黄土高原东部地区在地质历史上没有沉积早中中新世风尘沉积，还是已有的风尘沉积遭到后期侵蚀破坏未被保留下来？这个问题对于理解黄土高原风尘沉积的历史和演化具有重要意义。直到2009年，一个11 Ma的风成红黏土剖面在黄土高原东部的石楼被发现（Xu et al.，2009）。然而，迄今为止还尚未在黄土高原南部发现老于约7～8 Ma的风尘沉积序列。如果能在黄土高原南缘发现更老的风成粉尘沉积记录，将对恢复重建黄土高原地区粉尘沉降起始时间，进而反演亚洲内陆干旱化和东亚季风起源历史具有极大价值和科学意义。

4.2 风尘沉积的判别指标

在沉积学和古环境研究中可以根据沉积物特征来恢复重建沉积过程（赵澄林和朱筱敏，2001）。风力搬运是与水力搬运同样重要的地表动力，在干旱-半干旱区作用更加广泛，由于两者动力大小特征的不同，在形成沉积物后特征也有差异。一般说来，风力难以搬运较大物体，其挟带沉积物颗粒较小，分选更均匀，且无层理，因而对于粗粒沉积物较容易进行区分。本章主要讨论风成细粒粉沙（<63 μm）沉积的判别特征和方法。

4.2.1 野外特征

风尘沉积一般会在大范围内不同海拔的高地上披覆，可分布于水系的分水岭和山头等较高地貌部位，往往没有统一的高度限制，这是其与水成沉积的重大区别。具体来说，风尘沉积会有以下特征。

（1）没有层理

典型黄土和黄土类沉积包括上新世红黏土沉积都没有层理（刘东生等，1985）。大型交错层理是风成砂的典型标志。

（2）黄土-古土壤层

Guo et al.（2002）在秦安发现数百层发育良好的中新世黄土-古土壤层都具有典型成壤特征，说明这些层位是在水上气下环境形成的。

（3）物质组成

风成物质分选较好，总体以细粒粉砂物质为主，一般没有较粗的砾石。在搬运过程中经一定混合，物质组成比较均匀，其岩性和磁性地层、磁化率、粒度等指标具有较好的空间可对比性（Hao and Guo，2007；Guo et al，2008），而矿物组成与下伏基岩无关（刘东生等，1985）。

4.2.2 粒度

碎屑颗粒的粒度（即大小）是碎屑颗粒最主要的结构特征，粒度和颗粒的分选性是搬运营力能力和效率的度量标志之一，是判别沉积时自然地理环境以及水动力条件的良好标志(赵澄林和朱筱敏，2001)。在沉积学中有很多粒度指标和参数用于分析，累积曲线是用粒度分析成果中的累积质量百分比数作成的图，呈“S”形。风尘沉积因为分选好，粒度范围窄，因而累计曲线很陡；而分选差的冰碛及洪泛堆积因为粒度范围很宽，所以累计曲线更为平缓。概率值累计曲线，与累计曲线相比，将沉积物中含量较少的粗细尾部的特点放大，便于沉积成因分析。成都地质学院陕北队(1978)在国内比较早的提出了一套经常使用的粒度参数，包括粒度平均值、分选系数、偏度、峰态等。平均值代表粒度分布的集中趋势，反映沉积物的平均粒度，代表沉积介质的平均动能(速度)，在一定程度上取决于源区物质的粒度分布；分选系数可以用作沉积环境的判别指标，冲积扇和冰碛物等粗粒混杂沉积物的分选系数最差，风成(粉)砂分选最好，因而可以用分选系数对其他粒度参数做散点图来区分不同沉积环境。

黄土沉积物，粒度分选好，偏度大部分<1，含细粒组分多，一般以<63 μm的粉砂组分为主，中位数通常<0.1 mm。Lu 等(2001)通过对黄土-古土壤、红黏土与河流沉积的粒度参数对比分析，建立了基于粒度指标的沉积成因判别公式。不论是单个的粒度指标还是粒度判别公式分析都支持红黏土是风尘沉积物，与上覆的第四纪黄土-古土壤相似而不同于河流沉积，而且指出红黏土是在比黄土沉积搬运动力更小而稳定的环境下沉积的，在沉积后还受到后期风化成壤作用的改造。Sun et al.(2002)提出用Weibull distribution(韦伯分布)来分离沉积物组分，将沉积物粒度分离成短距离悬浮搬运的粉砂和长距离悬浮搬运的黏土质细粒两部分，进而判别风成与水成沉积。作者分别对比分析了水成(河流相、湖相)、风成(沙漠砂、黄土、北太平洋深海粉尘沉积)、混合型(冲积次生黄土)三大类沉积物的粒度频率分布特征，认为它们各自有很显著的粒度特征，风成黄土可以分离为短距离悬浮搬运的粉砂和长距离悬浮搬运的细粒两部分，北太平洋粉尘是西风搬运的细粒部分，可以进行较好的沉积物成因和沉积环境判别。Weltje 和 Prins(2007)通过大量数学模型运算和粒度数据分析建立了EMMA粒度端元模型，可以对沉积物粒度成分进行3～4部分多端元分离，这样可以更逼近真实情景，从而进行有效的风成与水成沉积环境判别和分析。

4.2.3 地球化学

由于粉尘物质来源于广阔源区并经高度混合，显示出源自大范围戈壁沙漠粉尘的特征，其常量、微量、稀土元素地球化学组成与第四纪黄土和上地壳平均成分具有一致性(Guo et al.，2002；Liang et al.，2009)。随着近年来地球化学分析仪器精度的提高和研究方法的多元化，地球化学方法在物源分析和沉积环境判别研究中应用越来越广，发挥了越来越大的作用，已经成为不可或缺的物源示踪重要技术手段。

(1)主微量元素

黄土中碳酸盐含量较多，有机质含量少，主微量元素指标表明黄土是在弱碱性氧化环境的干旱半干旱地区沉积而成(刘东生等，1985)。赵景波(1989)通过山西保德红黏土主量元素与黄土古土壤对比认为其与古土壤成分相近，形成于湿热风化过程中，进一步结合其他证据提出了红黏土的风成成因。张小曳等（1996a，1996b）基于粉尘元素的组配特征研究建立了中国源区粉尘的元素示踪系统，将西北沙漠和北方沙漠进行了进一步物源区分，强调北方沙漠是黄土主要源区，高空西风带来的远源物质所占比例很小。

（2）稀土元素（REE）

稀土元素（REE）互相之间化学性质非常相似而且比较稳定，经常共生在一起，可以作为物源判别的重要依据。典型风尘沉积例如黄土由于在搬运过程中经过了充分的混合，其REE表现为典型的地壳物质特征：轻稀土富集，重稀土亏损，而Eu显示负异常（李高军，2010）。REE成为判别风尘沉积的一项重要指标，Guo et al.（2002）和Liang et al.（2006）通过对秦安中新世“黄土”与西峰第四纪黄土REE对比分析为其风成成因提供了重要证据；Sun et al.（2009）通过与黄土高原红黏土RRE对比证明了准噶尔盆地晚渐新世—早中新世风尘沉积的成因；Qiang et al.（2011）也用同样方法证明庄浪钻孔存在25 Ma的风成红黏土沉积。

（3）Sr/Nd同位素

近年来，随着测量仪器和技术手段的迅速改良，同位素地球化学已经逐渐替代早期的沉积学、矿物学和元素地球化学方法而成为沉积物源示踪研究的最主要方法（郑洪波等，2008）。沉积物与源岩相比，其元素组合在搬运过程中会发生变化，但同位素组合比较稳定，还会保持原来源区的特征（中国科学院地球化学研究所，2000）。Sr-Nd 同位素是当前重要的物源示踪手段，硅酸盐中的Sr不与水体发生同位素交换，能保存源区母岩的同位素组成，沉积物中Nd同位素比值也可以代表源区特征（Goldstein et al.，1997）。不同物源区的同位素组成是存在较大差异的，Sr/Nd同位素作为组合成为识别物源区的灵敏指标，在河流沉积物、深海粉尘沉积和黄土的物源示踪方面应用非常广泛，取得了不少显著成果（Li et al.，2009，2011；Yang et al.，2021）。近年来，Sr/Nd同位素体系被大量应用于亚洲风尘物源示踪研究（Grousset and Bisecaye，2005；李高军，2010；Yang et al.，2021），Garzione等（2005）通过对临夏盆地Sr/Nd同位素研究认为自晚渐新世开始，来自盆地外的风成粉尘物质就在河湖相沉积中大量沉积，使其在地球化学成分的很多方面与典型风尘沉积具有相似性而明显异于盆地内近源物质。

4.2.4 碎屑锆石物源示踪

将元素-同位素地球化学方法与成因矿物学方法相结合，可以达到理想的物源判别效果。沉积物碎屑锆石的U-Pb 年龄不受沉积分选过程影响，其年龄谱系特征直接反映了沉积物源区岩石的年龄组成，成为物源分析最重要的技术之一。锆石（$ZrSiO_4$）在自然界中分布极为广泛，存在于各种岩浆岩、变质岩和沉积岩中。含有长周期放射性元素U和Th，有高于900 ℃的极高封闭温度，适宜于进行测年（谢静等，2012）。锆石还具有较好的物理和化学稳定性，在沉积和搬运过程中能够保留风化源区岩石信息，不会受后期风化作用而改变矿物性质，被广泛用来进行物源示踪，碎屑锆石示踪方法对位于封闭或半封闭盆地中物源相对单一的细粒沉积物更为有效（Lee et al.，1997；Bernet et al.，2004）。基于以上几个重要特征，应用碎屑锆石示踪成为研究风成黄土和粉尘物质物源的重要手段。如果物源分析表明沉积物物源物质组成与邻近区域不同，而与较远距离的亚洲内陆干旱区（或中国西北干旱区）相同，则其很有可能是风力搬运所成，或者至少可以说明有风成远源物质的沉积贡献。

Stevens et al.（2010）和Pull et al.（2011）都使用碎屑锆石对黄土高原不同地区黄土剖面的物源进行了研究，发现冰期-间冰期物源存在差异；Xiao et al.（2012）对黄土高原几个剖面从西向东采样研究发现黄土高原东西部黄土之间物源也存在差异。李高军等（2013）通过对西宁黄土的锆石年龄特征分析反映青藏高原北部干旱区是黄土高原主要物质来源，同时阿拉善高原干旱区可能也提供了一部分物源。Liu et al.（2014）通过对成因和物源都有争议的南京下蜀土进行了碎屑锆石研究，认为其物质成分主要来自冰期的长江河漫滩，属于近源风尘沉积。张瀚之等（2013）对中国北方沙漠（地）锆石形态特征研究表明，锆石形态特征能够用来指示沙漠（地）沉积物的源区。碎屑锆石示踪方法可以建立从结晶基岩剥蚀区经沙漠沉积区到黄土沉积区的物质联系并进而讨论粉尘形成机制和搬运路径（谢静等，2012）。单矿物锆石U-Pb 年龄谱系和Hf同位素在物源示踪中的应用，极大程度提高了对沉积物的物源判别能力。但由于目前研究中限于仪器设备和分析技术，锆石测试多用激光等离子质谱法（LA/MC-ICP-MS），一般用于实验分析的锆石粒径>20 μm，这样一来所获取的锆石信息只代表了较粗部分，对于<20 μm的细粒部分并不能涵盖，因而不能准确全面地分析完整的物源信息。离子探针质谱法（SHRIMP）可以用来分析细粒（<5 μm）的碎屑锆石，但其测试成本过高，目前很少应用。随着将来测试仪器和分析方法的改良和优化，碎屑锆石示踪方法具有更广阔的前景。

4.2.5 生物化石

由于生长环境的差异，动植物化石在很多时候可以用来判别陆生或水生环境。在黄土、红黏土和更老的中新世风尘沉积中，哺乳动物、孢粉和蜗牛及其壳体组合可以判别其为水生或陆生环境。第四纪黄土中往往缺乏大型脊椎动物化石，通常只有一些典型的小哺乳动物化石如仓鼠类、鼢鼠类和软体动物化石，其中蜗牛就具有不同的组合，前人对它们进行过很好的研究（刘东生等，1985）。蜗牛是陆生软体动物的总称，属于软体动物门、腹足纲、前鳃亚纲原始腹足目、中腹足目的一些种类和肺螺亚纲、柄眼目（除生活在海中的石磺科外），全世界共有25000多种（刘东生等，1985）。蜗牛是黄土中最常见的生物化石，在不同时代地层中都有大量发现。由于蜗牛活动范围很小，完全反映当地原生环境，它的生长过程与当时的气候环境紧密相关，所以蜗牛被称为黄土中古环境的“指示性动物”（刘东生等，1985）。李丰江等（2005，2006）在秦安剖面中新世地层（主要是黄土层）

中发现了壳体完整的旱生蜗牛化石，未发现任何水生和两栖种属，从而认为其是原地风尘沉积。

4.2.6　生物标志化合物

生物标志化合物（Biomarkers，也叫做分子化石、有机生标或化学化石）是指地质体中来自生物体的有机分子，包括现代和古代沉积物、原油、天然气以及包括现代动植物和微生物及降解产物，它们在地质过程中虽然产生了一定程度降解，但还是保留了原始生物生化组分的碳骨架，记载了原始生物母质的相关信息（王永莉，2006）。不同气候和地貌土壤条件下发育的高等植物和微生物在死亡后留下不同的生物标志化合物，有一些种类的生物标志物具有较好的生源一致性，可以用于判别沉积环境，区分海陆成因和确定母源。生物标志物有较多种类，其中正构烷烃是研究最广的一类，它广泛存在于生物体内，在油气资源研究中常被用作烃源岩和有机质成熟度的判别指标，在气候研究中也得到越来越多的应用（Bai et al.，2009）。可以通过沉积物中的正构烷烃奇偶碳数的相对含量和碳优势指数差别来确定生物来源，判断形成环境，区分水陆生植物（Peng et al.，2012）。在进行有机生标分析时，要注意从采样阶段就保持样品的纯净性，防止后期污染，避免样品与有机物质包括皮肤和纸张等接触；同时要考虑到在比较干旱的地区有机生标含量过少甚至没有，难以进行有效的分析鉴定。

4.2.7　扫描电镜

石英沙砾由于硬度较大，物理化学性质稳定，可以较好保存搬运和沉积时摩擦与撞击作用形成的颗粒表面微结构，因而可用于判别沉积物的成因和沉积环境分析，石英砂表面微结构的形成，主要取决于搬运介质种类、运动形态和能量大小（张如藩和杨主恩等，1999）。因为水和风搬运的能量和性质不同，造成风力搬运石英砂和水流搬运的石英砂微结构形态有很大差异，据此可以作为搬运动力和沉积环境判别的重要特征。

风的磨蚀作用能使石英颗粒夷平，使得大多数颗粒没有棱角呈圆或次圆状（谢又予，1984）。典型风成砂在风力搬运下会滚动和互相撞击，其标志形态特征是多数呈滚圆状，有撞击形成的碟形坑和小麻坑。河流石英砂因为水动力大小变化会产生不同的微形态，水流能量大，流速快的情况下主要形成棱角–次棱角状，表面深浅不等的刻痕、擦痕，撞击断口，新鲜的晶片及带有弧形擦沟的不规则沙砾；在较小水流作用下，可以形成细浅的擦痕，贝壳状断口，偶尔也会发现磨圆好的石英沙砾，有V形坑；在水流环境下一般会有溶蚀结构，但也可能在撞击作用下破坏原有的溶蚀结构而代之以新形成的擦痕（张如藩和杨主恩等，1999）。王建力等（1999）在对临夏盆地石英砂进行电子扫描电镜观察发现风成石英砂与水成成因的有明显区别，风成石英砂在镜下为圆和次圆状，有与现代沙漠砂相似的麻面、碟形和月牙形坑；水成砂有水下磨光面和机械V形坑。Guo et al.（2002）和刘进峰等

（2005）研究秦安中新世沉积地层时发现石英颗粒形态具有典型风尘沉积的特征，以此作为判别其沉积相的一个重要证据。

4.2.8 磁化率各向异性

铁磁性矿物颗粒形状和内部晶格的定向排列都会引起岩石磁化率在各个不同方向的差异，称为磁化率各向异性或者磁组构（Anisotropy of magnetic susceptibility）（阎桂林，1996）。磁化率各向异性通常用各向异性度、线理、面理等三个主要参数来描述（许峰宇和王力波，1994；阎桂林，1996；张拴宏和周显强，1999）。各向异性度P，表示岩石中的铁磁性矿物优势定向程度，P越高，说明样品中的磁颗粒线理和（或）面理优势定向程度越高；磁性线理L，表示样品中磁颗粒线性排列程度；各向异性椭球形状参数K_m，当$0<K_m<1$时，椭球形状属压扁型，K_m越小，扁度越大；当$1<K_m<\infty$时，椭球形状为拉长型（Liu et al.，1988）。

水和空气在作为搬运动力时表现出不同的物理性质，引起在这两种介质中沉积下来的黄土颗粒的定向排列程度差异，这种微小的沉积组构差异在磁学性质上表现为磁化率各向异性或磁组构差异，可以据此区分风成黄土、水成黄土和受水成改造的黄土（Liu et al.，1988）。Liu et al.（1988）通过对西峰上新世红黏土与第四纪原生风成黄土和水成次生黄土的磁组构特征对比分析，首次证明红黏土与黄土一样也是风积成因。①风成和水成黄土磁化率各向异性度或磁面理度不同。风成黄土各向异性度较小，$1.002\leqslant P\leqslant 1.032$；水成黄土的较大，$1.011\leqslant P\leqslant 1.064$。如果不考虑粒径大于0.1 mm的沉积物（团粒），则可以认为水成黄土的各向异性度为$1.032\leqslant P\leqslant 1.064$。②$P$–$F$及$P$–$L$相关特点不同。风成黄土，$P$增加$L$也略有增加；水成黄土，$P$增加$L$有降低的趋势。③磁化率主轴$K_1$方向排列程度不同。水成黄土50%以上样品能测出可靠的K_1和K_2方向，而风成黄土几乎全都难以测出，这反映了在不同沉积介质中磁颗粒长轴定向排列程度的差异（刘秀铭等，1989）。

许峰宇和王力波（1994）测量了南京下蜀黄土样品的磁化率各向异性参数，$1.004< P<1.02$，平均为1.0105，最大值1.0181，最小值1.045。磁线理度L很不发育，$1.0005\leqslant P\leqslant 1.0031$，平均为1.0017，最大值1.0031，最小值1.0005。磁面理度$1.004 < F < 1.016$，平均为1.0087，最大值1.0159，最小值1.0033，磁化率椭球呈压扁型，据此认为下蜀土磁组构特征与风成黄土相同，也是风尘沉积。张家强等（1997）对山东长山列岛的风成黄土沉积进行磁化率各向异性研究后发现，当地马兰黄土不是纯风尘沉积，马兰黄土是从海岸搬运的近源风尘沉积，同时有大量近源坡洪积碎屑物质混入。张家强等（1999）进一步通过对山东、江苏、上海和浙江等地河床、河漫滩、潮坪和海滩等典型水成沉积与属于风尘沉积的海岸风沙、沿海与内陆风尘黄土的磁化率各向异性参数进行测试对比后认为，水成沉积物的体积磁化率K值受物源和水动力因素控制，P和F都大于1.02，q小于0.5；而风尘沉积的K值大小受物源控制，沿海黄土和海岸风沙的K远小于内陆黄土，并且这

些风成物质的P和F都小于1.02，q平均值大于0.55。岩石和沉积物的磁化率各向异性很容易受到诸多局部因素的影响，在对各项参数进行分析时还需要进行可靠性检验（阎桂林，1996；张拴宏和周显强，1999）。

以上各种鉴别特征和分析方法都有自己的优点和局限性，在具体研究中由于后期侵蚀破坏和外源混杂影响使得并不是每种方法都能有效鉴别出粉尘信息，因此实际工作中，需要将充分的野外观察和室内测试分析手段结合起来综合考虑。这里要强调的是，野外考察工作不仅仅要对所研究的具体剖面和层位进行细致入微的观察和认真准确的描述，还要对区域周边的地质背景和地貌环境进行充分勘查，从沉积相分析和地貌背景观察入手，通过大的地形环境和大气环流与风场等限制因素，来分析风尘沉积形成时的气候条件和构造地貌背景，能够更加全面重建风尘沉积古环境。

本章在第3章详细的磁性地层学研究基础上展示了灞河组风尘沉积的一系列证据，通过对段家坡灞河组疑似风尘沉积粉砂的粒度、地球化学和Sr/Nd同位素特征与上覆的黄土和红黏土进行对比，提出灞河组粉砂具有典型的风尘沉积特征，并且具有与黄土和红黏土一致的物质来源，据此初步建立了黄土高原南缘晚中新世11 Ma以来的风尘沉积序列。本研究对理解黄土高原地区风尘沉积的起始时间和演化过程有重要指示意义。

4.3 实验材料和方法

由于段家坡剖面灞河组顶部与蓝田组界线附近的部分层位被严重覆盖，我们在段家坡东部5 km的刘家坡采集了灞河组上部的样品，其余全部样品都采集于段家坡剖面。

4.3.1 粒度

以10 cm间距（部分砂砾石层加大到20 cm）对整个剖面采集了粉末样。样品经过与黄土样品相同的标准化学前处理方法（鹿化煜等，1999；Sun et al.，2002），然后使用马尔文公司生产的激光粒度仪进行粒度分析（测量范围为0.02～2000 μm）。

4.3.2 地球化学

（1）主量、微量元素和REE

28个采自黄土-古土壤、红黏土、灞河组粉砂和来自秦岭的河流砂用于实验分析。利用酸洗以去除成土作用和钙质的影响（Chen et al.，2001；Yang et al.，2009），然后利用XRF对主量元素进行了测量。利用ICP-MS对16个样品的微量和稀土元素（REE）进行了测量。

（2）Sr/Nd同位素

10个来自不同层位的样品被用来进行Sr和Nd同位素分析对比。参照Chen等（2007）对样品进行了酸溶洗前处理并用TIMS进行了测量。结果用$^{87}Sr/^{86}Sr$ 0.710248 ± 0.000005（external ± 2σ，n=10）和 $^{143}Nd/^{144}Nd$ 0.512120 ± 0.000008（external ± 2σ，n=10）进行了矫正。

4.4 结果分析

4.4.1 粒度分析

沉积物的粒度分布是判别风尘沉积的一项重要指标并被广泛应用于黄土-红黏土研究（Lu et al.，1999；Sun et al.，2002；Fan et al.，2006；Prins et al.，2007；Weltje and Prins，2007；Vendenberghe，2013）。灞河组粉砂与第四纪黄土的对比表明，二者平均粒径都在10～30 μm之间变化，>63 μm的部分被认为主要是跃移形式搬运的，～20 μm粒度组分是风尘搬运的主要组分。灞河组粉砂的中值粒径大部分位于10～20 μm之间，和第四纪黄土显示了相同的粒度特征，而与粒级分选差的河流相沉积物粒度组成差异显著（图4.2）。

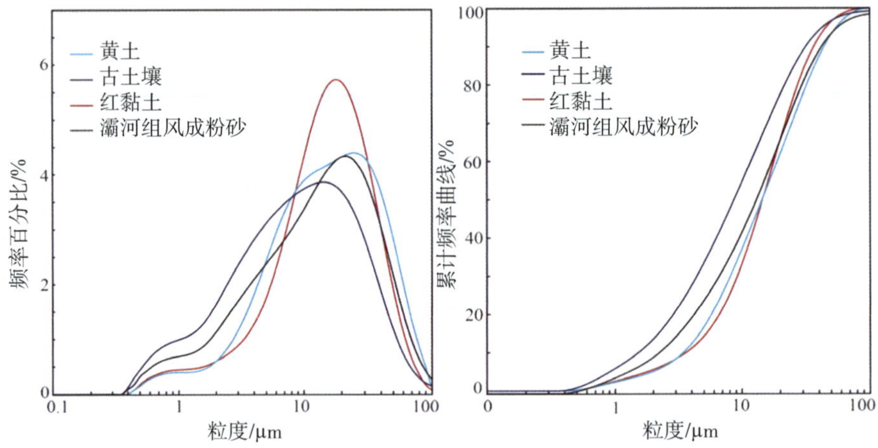

图4.2　灞河组风成粉砂与黄土-古土壤和红黏土的粒度对比

4.4.2 地球化学

地球化学成分的主微量元素分析一直被广泛地用于研究碎屑物质的物源（例如：Tayor and McLennan.，1985；McLennan et al.，1993；Guo et al.，2002；Zhang et al.，2012等）。秦安地区的中新世黄土也通过主量和微量元素组成与第四纪黄土对比而作为风尘成因的重要证据（Liang et al.，2009）。图4.3显示灞河组粉砂和上覆段家坡第四纪黄土的主微量元素组成特征高度一致，同样地，二者稀土元素组成也非常一致（图4.4）。稀土元素组成和分布特征是确定风成黄土沉积的重要手段（Guo et al，2002；Yang et al.，2007；Liang et al.，2009）。上新世—更新世黄土的稀土元素配分特征与上地壳特征非常一致（Liang et al.，2009）。蓝田地区东面是秦岭山脉，南北两面分别是地势较高的白鹿塬和横岭塬，只有西北方向向渭河盆地张开，在地形上可以看作是位于渭河盆地内部的一个次级盆地。在这样较为封闭的地貌条件下相对比较容易判断研究区沉积物的来源，它具有比较简单的物源可能，即要么来自近源秦岭造山带的风化剥蚀物质如灞河组中间粒径比较大的砂砾，要么就

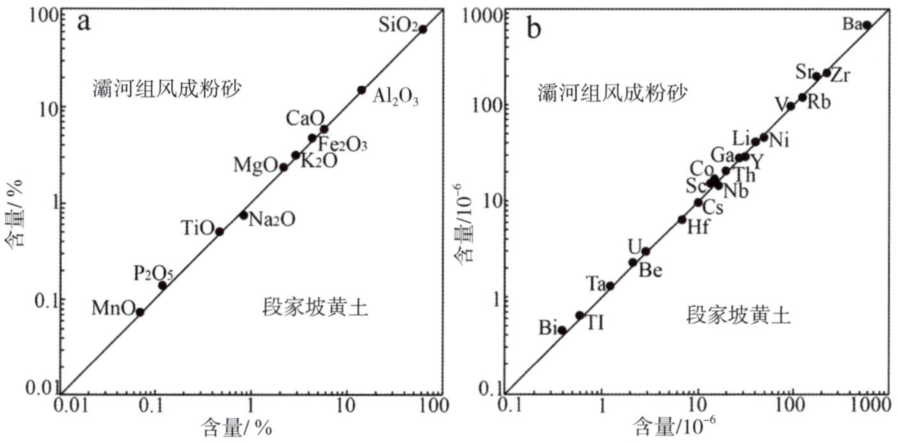

图4.3　段家坡剖面灞河组风成粉砂与第四纪黄土的主微量元素对比

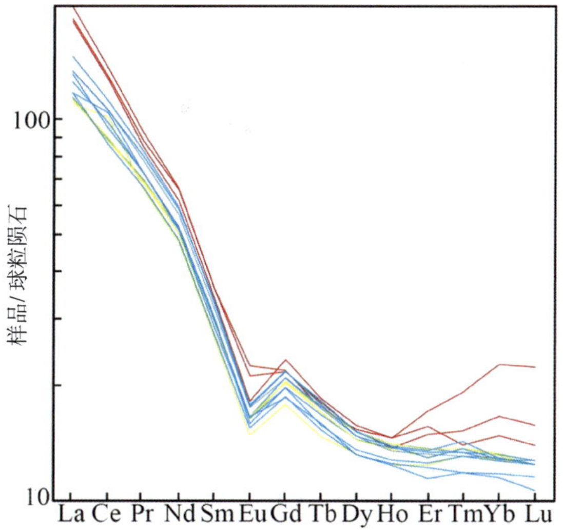

图4.4　稀土元素（REE）配分模式的对比
蓝线—晚中新世灞河组粉砂；黄线—第四纪黄土；红线—秦岭的灞河组河流相砂砾

只能是像黄土和红黏土那样风力搬运的远源物质。来自秦岭的灞河组河流相砂的稀土元素在Eu-Tm-Yb-Lu等元素分布上与灞河组粉砂显示出了非常明显的差异，表明二者具有不同的物质组成和来源。灞河组粉砂与大范围分布的风成黄土却具有相似的稀土配分模式，指示灞河组粉砂不是来自近源的秦岭山脉而很有可能与黄土一样来自远源地区。

Sr/Nd 同位素作为非常有用的物源示踪指标被用来确定风尘沉积（例如：Biscaye et al.，1997；Garzione，et al.，2005；Li et al.，2009；Sun et al.，2010；Zhang et al.，2012；Yang et al.，2021等）。沉积物的$^{87}Sr/^{86}Sr$和$^{143}Nd/^{144}Nd$根据它们的物源和年代而有所变化，它们的同位素比值在搬运、沉积和风化过程中会基本上保持不变（Grousset and Biscaye，2005）。

系统研究表明，黄土高原地区<75 μm的细粒物质的Sr-Nd同位素特征在过去几百万年里一直保持稳定（Chen et al.，2007；Li et al.，2009，2011）。为了进一步确认灞河组风成粉砂的物源，本研究分析对比了段家坡剖面晚新近纪风成粉砂与黄土高原黄土的Sr和Nd同位素特征。年轻地壳物质含有较高的ε_{Nd}（0），其值一般介于-5～-15，而老地壳物质的ε_{Nd}（0）值较低，一般小于-20。通过对比灞河组粉砂和段家坡、黄土以及黄土高原黄土的ε_{Nd}（0）和$^{87}Sr/^{86}Sr$比值，结果表明它们落入特征相似的同一个端元，都属于年轻地壳部分，明显区别于秦岭造山带所代表的老地壳物质（图4.5）。Sr和Nd同位素对比明确指示灞河组粉砂与黄土和红黏土具有相同的物源。

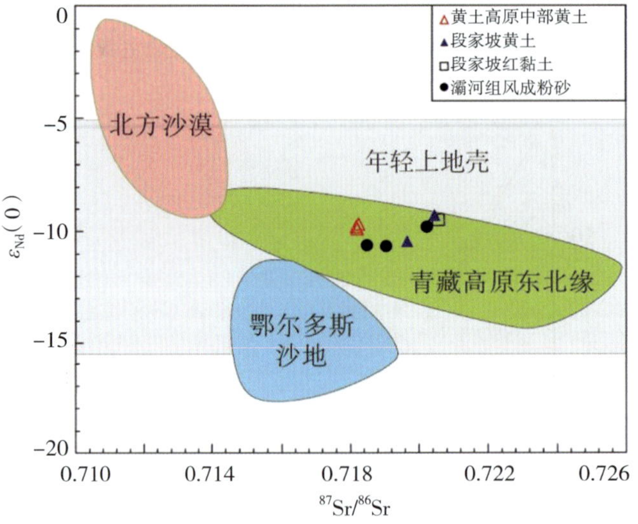

图4.5　段家坡剖面新近纪风尘沉积
黄土、红黏土和灞河组粉砂Nd-Sr同位素对比

4.5　讨论

综上所述，所有的粒度和地球化学数据都支持晚中新世灞河组粉砂与上新世红黏土和第四纪黄土具有相同的风成成因，从而表明黄土高原南部在至少11 Ma前就开始了风成粉尘沉积。如此一来，本研究就将黄土高原南缘风尘沉积历史由原来的蓝田组红黏土底界7 Ma向前推进了至少4 Ma，首次在黄土高原南部建立了晚中新世以来连续的风尘沉积序列。

4.5.1　沉积环境恢复

以第四纪黄土-古土壤序列为代表的中国北方新近纪粉尘沉积是亚洲冬季西北季风（西风可能也有相当比例的贡献）从亚洲内陆戈壁-沙漠干旱区搬运沉积在黄土高原的（刘东生等，1985；An et al.，2001；Guo et al.，2002；Shao et al.，2011；Zheng，2016）。如前所述，中新世灞河组粉砂和第四纪黄土可能具有同样的物源，而与临近的秦岭造山带物质有很大不同，但它与段家坡剖面顶部的黄土地层不同的是，其可能在晚中新世沉积过程中受到来自秦岭地区的近源河流相沉积影响。在灞河组沉积的时期，白鹿塬所在位置绝对海拔高度和相对的拔河高度都还比较低，地表距离古灞河河面比较近，它上面沉积的风成物质很容易被来自秦岭的河流相砂砾所侵蚀或覆盖，因而这一时期灞河组沉积相比较复杂，显示为细粒风尘沉积与粗粒河流相砂砾互层，而在以往研究中，这些典型的河流相砂砾层更容易被研究者所关注，而非典型的风成粉砂很容易被忽略。随着时间的推移，秦岭和骊山不断隆升对白鹿塬的掀斜抬升作用和古灞河的不断下切，使得风尘沉积界面拔河高度不断增大，原来的河流相侵蚀和堆积影响越来越微弱直至逐渐消失，这种状况一直持续影响到晚中新世蓝田组沉积下段，以致现今在野外仍然可以从段家坡剖面蓝田组底部红黏土层位中找到一些河流相砂砾，并可以明显观察到砂砾石向剖面上部逐渐减少变小最终完全消失。在红黏土上部和黄土–古土壤中间就已经没有任何河流相的痕迹，完全表现为纯粹的风尘沉积相。这种风成和水成沉积作用在同一区域相互影响沉积物混杂出现的现象，在自然界是经常会发生的，如在黄土高原很多山前地区的黄土–古土壤和红黏土沉积剖面中都可以发现掺杂的河流相或洪积相砂砾堆积（Liu，2020）。某一地区能否沉积比较纯净的风成物质，后期是否会混杂其他物质以及能否受到地表流水侵蚀改造都主要取决于当时当地的地貌条件（丁仲礼等，1997）。

本项研究也为理解包括天水–秦安地区中新世沉积侵蚀环境在内的中国北方地区晚新生代风尘沉积环境提供了线索（Guo et al.，2002；Li et al.，2006；Alonso-Zarza，A.M. et al.，2009）。至少22 Ma 前的早中新世亚洲内陆干旱化已经开始（Guo et al.，2002；Garzione et al.，2005；Sun et al.，2010；Qiang et al.，2011），来自内陆干旱区的粉尘开始在秦安地区沉积（Guo et al.，2002），而从15 Ma开始在天水盆地低洼地区形成了大湖（Li et al.，2006；Alonso-Zarza，A.M. et al.，2009）。它可能指示了风尘沉积和湖相沉积从中中新世开始在这一地区不同海拔高度和地貌部位同时发育，这与黄土高原南部渭河盆地在上新世至第四纪时期古三门湖三门组与红黏土–黄土的同期异相沉积完全类似（刘护军和薛祥煦，2004；王斌等，2013）。

4.5.2 对新近纪风尘沉积环境的启示

中新世风尘沉积剖面：临夏（王建力等，1999；Garzione et al.，2005；Fan et al.，2006）、秦安（Guo et al.，2002）、西宁（Lu et al.，2004）都位于黄土高原西部，在2009年之前未曾在黄土高原东部发现老于8.35 Ma的风尘沉积记录，曾经认为在六盘山以东没有老的风尘沉积是因为黄土高原东西部构造背景的差异（Hao and Guo，2004）。近十几年新的研究：张振克等（2007）在江苏南京、Xu et al.（2009）在山西石楼分别发现了12 Ma 和11 Ma的风尘沉积，这指示了来自内陆的粉尘不仅沉积在黄土高原地区甚至向南扩展到了长江地区（张振克等，2007）。

基于前人研究，可以谨慎地推测重建晚新生代中国北方地区风尘沉积历史。截至目前，较早的粉尘沉积记录（临夏–29 Ma，Garzione et al.，2005；庄浪–25 Ma，Qiang et al.，2011；准噶尔盆地–24 Ma，Sun et al.，2010；秦安–22 Ma，Guo et al.，2002）多发生在晚渐新世—早中新世（29 ~ 22 Ma），指示了亚洲内陆干旱化的开始可能也发生在这一时期（Guo et al.，2002）。渐新世—中新世之交同样也可能是东亚古环境发生根本转型的时期，东亚季风系统和行星风系向现代季风气候的转变都在此时发生（Guo et al.，2008；Zheng et al.，2015）。到了中中新世（15 ~ 11 Ma），风尘沉积范围逐渐扩大：西宁（14 Ma，Lu et al.，2004），石楼（11 Ma，Xu et al.，2009），段家坡（11Ma，本次研究），最南到了长江北岸边（张振克等，2007）。与此同时，北太平洋深海沉积也记录到了12 Ma来的粉尘沉积（Rea et al.，1998）。临夏、庄浪、秦安、西宁、段家坡和石楼等剖面在地理位置上有一个共同点，即都是位于山前迎风坡的小盆地，很可能当时挟带粉尘的气流遇到山地阻挡在爬坡过程中动力减弱使得这些粉尘物质就地堆积下来形成了风尘沉积剖面。红黏土在7 ~ 8 Ma开始在黄土高原地区开始大范围的同时间开始沉积（An et al.，2001），红黏土的大规模沉积开始时间可能指示了包括黄土高原乃至整个东亚地区古环境和气候格局的一次重大调整（Kaakinen and Lunkka，2003）。临夏盆地的粒度记录同样指示了8.0 ~ 7.4 Ma大气环流格局的调整，可能与亚洲内陆干旱化加剧（Fan et al.，2006）及青藏高原的隆升和亚洲季风系统的发育有关（An et al.，2001；Wu et al.，2022）。

4.5.3 构造运动对风尘沉积的控制

构造运动对风尘沉积的重要影响体现在两个方面：①物源和动力：大的构造事件可以改变大气环流和地球表面热量分配，影响全球气候变化进而为粉尘传输提供物质来源和搬运动力；②沉积环境：粉尘沉积需要一个相对平坦的下垫面地形堆积沉积物质，在风尘沉降后还需要构造运动保持相对稳定，避免下垫面抬升使沉积物遭受侵蚀破坏。从大尺度来说，晚渐新世—早中新世东亚粉尘沉降的开始与 ~ 8 Ma红黏土大规模沉积的出现都与青藏高原及周边地区的构造隆升紧密相关。

Wang et al.（2012）研究发现在新生代有两次强烈的构造隆升事件，分别发生在30 ~ 25 Ma前和10 ~ 15 Ma前。众多构造地质学研究均支持这一结论：25 ~ 20 Ma青藏高原地幔岩石圈发生拆沉作用，高原南部和中部在横向和纵向上快速生长，南部的喜马拉雅主中央冲断带开始活动，北部盆山体系开始发育；10 ~ 7 Ma地幔岩石圈再次发生拆沉作用，青藏高原周边均发生强烈的隆升生长，北部和东北部的盆山体系基本形成，盆地充填速率提高，东部生长到四川盆地的北部（Molnar et al.，1993；Yin et al.，1994；Hodges et al.，1996；Chemenda et al.，2000；Yin，2000；Clark et al.，2005；安芷生等，2006；Ding et al.，2022）。第一期渐新世—中新世之交的构造事件可以称为“造原运动”，形成了青藏高原主体高原面，Zheng et al.（2013）新研究认为长江贯通三峡东流入海也大致发生在这一时期，表明当时整个东亚地区构造格局发生了剧烈变动；第二期是10～7 Ma的“造山事件”，主要表现为青藏高原周边的一系列造山带的构造抬升，祁连山、六盘山（Zheng et al.，2006）、贺兰山（刘建辉等，2010）和秦岭（Liu et al，2012）这一时期都有剧烈的抬升剥蚀发生。粉尘初始沉降（Guo et al.，2002；Garzione et al.，2005；Qiang et al.，2011）与红黏土大范围沉积的出现（Ding et al.，1998；Sun et al.，1998；An et al.，2001）不仅与这两期构造事件在时间上耦合，而且在机制上也紧密联系，似乎指示了在晚渐新世—早中新世和晚中新世东亚地区构造和气候格局都发生了翻天覆地的大改变。一方面，高原和周边的造山带抬升加深了亚洲内陆干旱化程度，扩大了干旱化面积，增大了粉尘输送的物源范围，同时抬升剥蚀的物质本身就提供了丰富的物质来源；另一方面，高原的抬升加强了冬季风，使得对粉尘物质的搬运能力大大增强（Wang et al.，2017）。

六盘山由于山体规模较小，很难成为一个阻挡风尘传输的重大屏障，因而黄土高原东西部地区在～8 Ma以前的风尘沉积的巨大差异可能是其他原因导致的。Wang et al.（2012）认为约10～8 Ma青藏高原周缘造山带普遍发生了一期强烈抬升的造山事件，Zheng et al.（2006）对六盘山的裂变径迹研究也记录了～8 Ma的构造剥蚀事件，并认为其与青藏高原东北缘的晚新生代抬升和构造扩张有重要联系。刘池洋等（2006）研究发现，作为黄土高原基底的鄂尔多斯盆地在～8 Ma之前一直在抬升遭受侵蚀，直到～8 Ma才停止抬升接受红黏土沉积成为高原，因而鄂尔多斯地区缺失早中新生代沉积地层，红黏土直接不整合覆盖在中生代地层之上。在～8 Ma前鄂尔多斯盆地在整体转升为降的同时也发生了构造反转事件，构造格局由之前长期的东隆西降变为东升西隆（刘池洋等，2006），这一构造反转事件同样对黄土高原地区的风尘沉积产生了重要影响（岳乐平等，2007；袁宝印等，2012），西部秦安和庄浪地区能够堆积比较老的风尘沉积源于之前这一区域的相对沉降，而在8 Ma以后东部地区大面积广泛堆积红黏土沉积时西部地区却因为抬升而遭受侵蚀。王伟涛等（2010）对宁夏固原寺口子盆地的沉积相研究发现，在6.4～4.6 Ma沉积环境发生了剧烈变动，由之前稳定的湖相沉积变为事件诱发的扇三角洲沉积，指示了在～6.4Ma和～4.6Ma两次区域构造抬升运动，可能都与青藏高原向东北部的扩展挤压有关。这也可以很好地解释为什么秦安剖面（22～6.2 Ma，Guo et al.，2002）和庄浪钻孔（25.6～4.8 Ma，Qiang et al.，2011）顶部地层普遍缺失（Wang et al.，2017）。

7～8 Ma前红黏土在黄土高原地区大规模沉积是一次非常重要的古环境事件，以往研究都认为这次事件指示了东亚地区古环境和古气候以及大气环流和东亚季风系统发生了重大变化，将其与青藏高原隆升和亚洲内陆变冷及干旱化联系起来（An et al.，2001；Kaakinen and Lunkka，2003；Fan et al.，2006）。实际上红黏土沉积的开始不仅仅是古气候变化引起的，更可能是黄土高原基底构造和地貌条件发生了重大调整，为红黏土风尘沉积提供了良好而稳定的沉积场所和保存条件（刘池洋等，2006；岳乐平等，2007；王斌等，

2017）。Guo et al.（2002）在秦安中新世风尘沉积研究认为，中国北方风尘沉积起源和所指示的亚洲内陆荒漠化至少开始于22 Ma前。由于鄂尔多斯地块在此期整体抬升较高、地表渐趋夷平，不利于风尘沉积和保留，故在地块内，迄今尚未发现老于8.35 Ma的风尘沉积；但在其西部边缘地区却可能阻挡或减弱了携带风尘的西北大气环流，致使在邻近其西南的甘肃秦安一带，沉积和保存了22～6.2 Ma连续完整、较厚的风尘沉积。晚中新世～8 Ma开始大范围沉积的风成红黏土不整合覆盖在黄土高原前新生代不同时代地层基底之上，厚度一般40～80 m，最厚达130 m（刘池洋等，2006）。

刘池洋等（2006）认为，红黏土底部常见薄层残留的红土型风化壳，表明其直接沉积在长期风化剥蚀的夷平面之上，因此红黏土的底界年龄可以间接指示鄂尔多斯块体构造反转事件的发生时间。研究者在过去20年里根据古地磁、古生物方法对众多红黏土剖面进行定年研究显示，各剖面的底界年龄在高原不同部位有明显差异（刘池洋等，2006），高原西南部在8.1～6.9 Ma（安芷生等，2000；宋友桂等，2000；杨石岭等，2000），高原南部旬邑大于6. 8 Ma（薛祥煦等，2001），东北部在8.35～7.4 Ma（Qiang et al.，2001；张云翔等，1995）；在邻近红黏土分布的西边界，榆林三岗畔5.10 Ma（岳乐平等，1999），靖边郭家梁3.5 Ma（丁仲礼等，1999）；东边界附近的静乐贺丰3.10 Ma（岳乐平等，1999）。各个地区红黏土底界年龄在8.35～3.5 Ma，集中在8.0～6.9 Ma，即晚中新世晚期。红黏土分布格局与鄂尔多斯高原西北高、东南低的地势一致，可能暗示了鄂尔多斯高原现今的地貌格局雏形形成与红黏土开始沉积时间基本同时（刘池洋等，2006）。但本书和Xu et al.（2009）的研究结果均指示，六盘山以东黄土高原东部地区风尘沉积开始时间要早于之前认定的～8.35 Ma（Qiang et al.，2001），在早-中中新世时，风尘沉积的物源（亚洲内陆干旱区形成）和动力（东亚季风）都已形成并发展成熟，只是由于区域地质地貌条件的限制，风尘沉积只在局部地区零星地堆积并经过后期侵蚀改造而保存下来。灞河组风尘沉积在野外特征上与典型黄土、红黏土已有一定程度的区别，不容易被研究者所发现和关注。

本章研究加强了对亚洲内陆干旱化与新生代全球变冷，青藏高原隆升之间内外动力作用联系的理解和风尘沉积与构造活动之间关系的认识，但是对于东亚粉尘输送和沉降的起始时间、机理和过程，以及现代意义东亚季风系统建立的具体时间、形成机制和强度变化等诸多问题还需要更多的工作进一步探索（An et al.，2001；Guo et al.，2002；Miao et al.，2012；鹿化煜和郭正堂，2013；Zheng，2016；郭正堂，2019）。渭河盆地周缘的露头剖面和我们已经在盆地中心完成的卤阳湖千米深钻岩芯将为此提供宝贵的研究材料。

4.6 小结

1）粒度和地球化学证据均指示灞河组粉砂的风成成因，表明黄土高原南部的风尘沉积至少始于11 Ma之前，比之前认为的红黏土底界7 Ma向前推进了4个Ma，本研究据此首次建立了黄土高原南缘11 Ma以来的相对连续风尘沉积序列。结合前人研究可以进一步推断整个黄土高原可能在中中新世已经开始风尘沉积，并有可能在蓝田地区灞河组下伏地层寻找到更古老的风尘沉积记录，从而将此时代继续推前。

2）初步恢复了灞河组沉积环境，指出在晚中新世灞河组和蓝田组下部风尘沉积时期，由于剖面位置周边总体地形和拔河高度较低，容易受到河流相物质侵蚀覆盖和破坏从而形成风尘沉积与河湖相沉积的互层；由于白鹿塬的抬升和古灞河的持续下切，从上新世起河流对风尘沉积不再起干扰破坏作用，剖面开始沉积纯净连续的风成红黏土和黄土-古土壤沉积。

3）蓝田段家坡剖面和整个黄土高原地区新近纪风尘沉积过程是全球大范围古气候变化、大气环流格局调整和区域地质构造地貌活动共同作用的结果；青藏高原、鄂尔多斯地块和秦岭在中新世早中期的构造运动都通过影响大气环流或改变下垫面地貌格局而制约风尘沉积的初始沉降和后期保存条件。

5　结论与展望

5.1　主要结论

本书在前人研究基础上，通过野外调查、钻井资料对渭河盆地新生代沉积地层序列和黄土高原构造地貌环境进行了系统研究，在此基础上利用磁性地层学、粒度分析、元素地球化学、Sr-Nd同位素地球化学方法着重对渭河盆地灞河组进行了年代学和沉积成因研究，得出以下结论：

1）在前人地层划分基础上对渭河盆地新生代地层进行了重新梳理和部分修订，将红河组、白鹿塬组、冷水沟组、寇家村组、灞河组、蓝田组、三门组等区域地层单位及第四纪黄土-古土壤与《中国区域年代地层表》（全国地层委员会，2002）进行了对照：将原属于蓝田组底部的砾岩层划入灞河组；对三门组的概念和内涵进行了重新界定，认为它和蓝田组属于同期异相沉积而不存在地层上下关系；主张取消“张家坡组”和“游河组”，并将其归入三门组。分析了渭河盆地始新世以来的构造张裂和沉积演化历史，认为始新世和晚中新世是其发育演化最重要的两个阶段，渭河盆地在时间和动力上与秦岭造山带的隆升以及鄂尔多斯高原的演化具有协同一致性。

2）详细的磁性地层学研究表明，灞河组的年代为11.0～7.0 Ma，明显老于与蓝田组红黏土同期的保德期沉积，二者哺乳动物化石组合、沉积类型和古气候环境都有很大差异，因此本书支持灞河期作为老于保德期的生物地层分期独立存在。

3）野外考察以及粒度和地球化学证据均指示，灞河组存在大量风成粉砂沉积，从而将段家坡剖面比较连续的风尘沉积向前推进了4个Ma，现有认识不排除在黄土高原南缘蓝田-渭南其他地区继续发现更老于11 Ma的风尘沉积的可能。结合前人研究，本研究认为，黄土高原南缘甚至整个黄土高原地区可能在中中新世就已经开始了大规模的风尘沉积。

4）本研究强调了中新世黄土高原地区地质构造和地貌演化对风尘沉积的最终堆积和长期保存有重要的约束作用。约8 Ma前鄂尔多斯地块发生构造转型，停止了长期的抬升剥蚀开始沉降接受红黏土沉积，逐步形成了早期的“红土高原”，因此，7～8 Ma前风成红黏土的大规模沉积不仅仅是古气候条件和大气环流格局的重要改变，同时也是构造格局和下垫面地貌条件重大改变的结果。

5.2　存在问题与研究展望

1）由于作者水平所限，在研究中未能对渭河盆地深部地质过程和地球物理资料进行进一步深入剖析从而对盆地形成发育的构造动力学机制和沉积充填模式进行深入探讨，今后还需要加强相关专业知识的学习。

2）本书研究主要集中于渭河盆地东南部地区，对于盆地西部和北部新生代露头剖面和盆地中心钻井记录的地层空间分析对比不够深入。

3）还需要对晚中新世—上新世气候转型，尤其是灞河组向蓝田组转变时期的沉积和古气候记录进行深入详细的研究，同时对风尘沉积物源分析的解释讨论还有待进一步深入。

在此基础上今后还需要继续开展以下各方面工作：

1）加强对渭河盆地新生代沉积的地层学、年代学研究，进一步厘定各个组之间的时空关系；建立比较准确的盆地新生代地层年代序列。

2）综合考虑汾渭盆地、河套盆地、银川盆地等环鄂尔多斯地堑盆地系新生代地层对比、沉积演化历史、充填模式和动力机制，应用构造地质学方法和地球物理手段剖析青藏高原隆升应力传递、太平洋板块向西俯冲、华北克拉通破坏和区域上地幔作用对盆地发育的影响，以及渭河与秦岭等周边造山带的盆山耦合关系，从盆地沉积角度恢复重建秦岭造山带新生代隆升历史和环境效应。

3）对蓝田地区风尘沉积历史的进一步向前追溯，针对中新世灞河组下伏地层——寇家村组和冷水沟组寻找中–早中新世风尘沉积信息记录；并利用碎屑锆石和同位素方法开展灞河组风尘组分的物源分析，明确近源和远源粉尘的相对贡献和时空变化。

4）利用地球化学和其他气候代用指标开展LYH–1为基础的渭河盆地新生代地层的环境指标研究工作，重建不同阶段气候环境变化并展开区域对比；进而与蓝田地区古生物化石记录结合，恢复重建渭河盆地新近纪以来的古生态系统，探讨哺乳动物和植物对气候环境变化的响应机制。

5）利用黄河流域新生代盆地沉积记录和构造地貌方法以及单矿物和同位素物源示踪手段研究黄河中游贯通时间和过程，追溯和反演黄河水系发育和演化对大尺度和小范围构造运动和气候变化事件的记录和响应。

参考文献

安芷生，肖举乐. 1990. 黄土高原风尘沉积通量研究的一个实例. 科学通报，35(3)：220–223.

安芷生，吴锡浩，汪品先，等. 1991a. 最近130 ka 中国的古季风–Ⅰ古季风记录.中国科学(B)，10：1076–1081.

安芷生，吴锡浩，汪品先，等. 1991b. 最近130 ka 中国的古季风–Ⅱ古季风记录.中国科学(B)，10：1209–1215.

安芷生，王苏民，吴锡浩，等. 1998. 中国黄土高原的风积证据：晚新生代北半球大冰期开始及青藏高原的隆升驱动. 中国科学(D辑)，28(6)：481–490.

安芷生，孙东怀，陈明扬，等. 2000. 黄土高原红黏土序列与晚第三纪的气候事件. 第四纪研究，20(5)：435–446.

安芷生，张培震，王二七，等. 2006. 中新世以来我国季风–干旱环境演化与青藏高原的生长. 第四纪研究，26(5)：679–693.

长庆油田石油地质编写组. 1992. 中国石油地质志(卷十二)：长庆油田. 北京：石油工业出版社.

陈冠芳，张兆群. 2004. 陕西蓝田灞河组乌米兽亚科(Urmiatheriinae，Bovidae)一新属. 古脊椎动物学报，42(3)：205–215.

成都地质学院陕北队. 1978. 沉积岩(物)粒度分析及其应用. 北京：地质出版社.

程绍平，邓起东，闵伟，等. 1998. 黄河晋陕峡谷河流阶地和鄂尔多斯高原第四纪构造运动. 第四纪研究，3：238–248.

崔盛芹，李锦蓉. 1986. 汾渭地堑与贝加尔裂谷系的比较构造分析. 中国地质科学院院报，15：21–31.

戴世昭. 1997. 江汉盐湖盆地石油地质. 北京：石油工业出版社.

德日进，杨钟健. 1930. 山西西部陕西北部蓬蒂期后黄土期之前地层观察. 地质专报，1(8)：1–19.

邓涛. 2004. 临夏盆地晚新生代哺乳动物群演替与青藏高原隆升背景. 第四纪研究，24(4)：413–420.

邓涛. 2006. 中国新近纪哺乳动物生物年代学. 古脊椎动物学报，44(2)：143–163.

邓涛. 2011. 临夏盆地晚新生代哺乳动物的多样性变化及其对气候环境背景的响应. 第四纪研究，31(4)：577–588.

邓涛，侯素宽，颉光普，等. 2013. 临夏盆地上中新统的年代地层划分与对比. 地层学杂志，37(4)：417–427.

丁仲礼，刘东生，刘秀铭，等. 1989. 250万年以来的37个气候旋回. 科学通报，19：1494–1496.

丁仲礼，刘东生. 1991. 中国黄土研究新进展(三)：时间标尺. 第四纪研究，4：336–448.

丁仲礼，孙继敏，朱日祥，等. 1997. 黄土高原红黏土成因及上新世北方干旱化问题. 第四纪研究，2：147–157.

丁仲礼，孙继敏，刘东生. 1999. 上新世以来毛乌素沙地阶段性扩张的黄土–红黏土沉积证据. 科学通报，44(3)：324–326.

董云鹏，张国伟. 1997. 造山带与前陆盆地结构构造及动力学研究思路和进展. 地球科学进展，12(1)：1–6.

董光荣，李森，李保生，等. 1991. 中国沙漠形成演化的初步研究. 中国沙漠，11(4): 23-33.

方小敏，李吉均，朱俊杰，等. 1997. 甘肃临夏盆地新生代地层绝对年代测定与划分. 科学通报，42(14): 1457-1471

冯希杰，李晓妮，任隽，等. 2008. 渭河断裂深、中、浅和近地表显示. 地震地质，30(1): 264-272.

葛同明，樊利民，徐行，等. 1991. 渭南阎村W7孔岩心样品的古地磁学研究. 海洋地质与第四纪地质，11(4): 59-71.

郭安林，张国伟，程顺有. 2004. 超越板块构造——大陆地质研究新机遇评述. 自然科学进展，14(7): 729-733.

郭正堂. 2010. 22-8 Ma风尘沉积记录的季风演变历史//丁仲礼，等. 中国西部环境演化集成研究. 北京：气象出版社.

郭正堂. 2017. 黄土高原见证季风和荒漠的由来. 中国科学：地球科学，47: 421-437.

郭正堂. 2019. 地球系统与演变：未来地球科学的脉络. 科学通报，64(9): 883-884.

国家地震局鄂尔多斯活动断裂系课题组. 1988. 鄂尔多斯周缘活动断裂系. 北京：地震出版社.

韩恒悦，米丰收，刘海云，等. 2001. 渭河盆地带地貌结构与新构造运动. 地震研究，24(3): 251-257.

胡孟春. 1989. 渭河盆地的地质构造与构造地貌类型. 地理研究，8(4): 56-64.

胡巍，岳乐平，田新红. 1993. 渭南沈河宋家北沟剖面磁性地层学研究. 陕西地质，11(2): 26-32.

黄兴富，施炜，李恒强，等. 2013. 银川盆地新生代构造演化：来自银川盆地主边界断裂运动学的约束. 地学前缘，20(4): 199-210.

季军良，郑洪波，李盛华，等. 2006. 山西平陆黄河阶地与古三门湖消亡、黄河贯通三门峡时代问题的探讨. 第四纪研究，26(4): 665-672.

贾兰坡，张玉萍，黄万波，等. 1966. 陕西蓝田新生界现场会议论文集. 北京：科学出版社.

金钊. 2020. 黄土塬——千沟万壑之中的平坦之地. 地球环境学报，11(1): 119-124.

李传夔，吴文裕，邱铸鼎. 1984. 中国陆相新第三纪的初步划分与对比. 古脊椎动物学报，22(3): 163-178.

李丰江，吴乃琴，裴云鹏. 2005. 黄土高原西部秦安新近纪风尘堆积的蜗牛化石证据. 第四纪研究，25(4): 510-515.

李丰江，吴乃琴，Rousseau，D. 2006. 黄土高原秦安中新世黄土古土壤序列的蜗牛化石初步研究. 中国科学(D辑)，36(5): 438-444.

李高军. 2010. 亚洲风尘物源地球化学示踪研究. 南京大学(博士论文).

李高军，车旭东，肖国桥，等. 2013. 西宁黄土碎屑锆石年龄特征及其对黄土高原黄土物源的指示意义. 第四纪研究，33(2): 345-350.

李吉均，文世宣，张青松，等. 1979. 青藏高原隆起的时代、幅度和形式的探讨. 中国科学，6: 608-616.

李吉均，方小敏，潘保田，等. 2001. 新生代晚期青藏高原强烈隆起及其对周边环境的影响. 第四纪研究，21(5): 381-391.

李吉均，张军，宋春晖，等. 2007. 陇中盆地灞河期地层的发现及意义. 中国科学(D辑)，37(1): 52-60.

李继亮，肖文交，闫臻. 2003. 盆山耦合与沉积作用. 沉积学报，21(10): 52-60.

李建星，岳乐平，徐永，等. 2009. 从山前砾石看黄河形成于吕梁山隆升. 地理科学，29(4): 582-586.

李强，郑绍华. 2005. 记陕西蓝田晚中新世灞河组4种跳鼠(Dipddidae，Rodentia)化石. 古脊椎动物学报，43(4): 283-296.

李思田. 1995. 沉积盆地的动力学分析. 地学前缘，2(3-4): 1-8.

李玉清，吴文裕. 1978. 陕西临潼蓝田中新世偶蹄类化石//地质古生物论文集(第七辑). 7: 127-135.

李智超，李文厚，李永项，等. 2015. 渭河盆地新生代沉积相研究. 古地理学报，17(4): 529–540.
李忠，王清晨. 2001. 盆山物质耦合研究：以库车–天山系统为例//全国沉积学大会摘要论文集，197.
刘保金，酆少英，姬计法，等. 2017. 贺兰山和银川盆地的岩石圈结构和断裂特征——深地震反射剖面结果. 中国科学：地球科学，47：179–190.
刘池洋. 2005a. 盆地构造动力学研究的弱点、难点及重点. 地学前缘，12(3): 113–124.
刘池洋，赵红格，王锋，等. 2005b. 鄂尔多斯盆地西缘(部)中生代构造属性. 地质学报，79(6): 737–756.
刘池洋，赵红格，桂小军，等. 2006. 鄂尔多斯盆地演化–改造的时空坐标及其成藏(矿)响应. 地质学报，80(5): 617–638.
刘椿. 1991. 古地磁学导论. 北京：科学出版社.
刘东生，丁梦麟，高福清. 1960. 西安蓝田新生界地层剖面. 地质科学，4：199–208.
刘东生，张宗祜. 1962. 中国的黄土. 地质学报，42：1–14.
刘东生，等. 1964. 黄河中游黄土. 北京：科学出版社.
刘东生，等. 1965. 中国的黄土堆积. 北京：科学出版社.
刘东生，等. 1966. 黄土的物质成分与结构. 北京：科学出版社.
刘东生，等. 1966. 黄土与环境. 北京：科学出版社.
刘和甫. 1993. 沉积盆地地球动力学分类及构造样式分析. 地球科学，18(6): 699–725.
刘和甫，梁慧社，李晓清，等. 2000a. 中国东部中新生代裂陷盆地与伸展山岭耦合机制. 地学前缘，7(4): 477–486.
刘和甫，汪泽成，熊保贤，等. 2000b. 中国中西部新生代前陆盆地与挤压造山带耦合分析. 地学前缘，8(3): 55–72.
刘和甫. 2001. 盆地–山岭耦合体系与地球动力学机制. 地球科学，26(6): 581–596.
刘护军. 2004. 渭河盆地的形成演化与东秦岭的隆升(博士论文). 西安：西北大学.
刘护军，薛祥煦. 2004. 对渭河盆地新生界及其年代的讨论. 地球科学与环境学报，26(4): 1–5.
刘建辉，张培震，郑德文，等. 2010. 秦岭太白山新生代隆升冷却历史的磷灰石裂变径迹分析. 地球物理学报，53(10): 2405–2414.
刘建辉，张培震，郑德文，等. 2010. 贺兰山晚新生代隆升的剥露特征及其隆升模式. 中国科学(D辑)，40(1): 50–60.
刘进峰，郭正堂，乔彦松，等. 2005. 秦安中新世黄土–古土壤序列石英颗粒形态特征、粒度分布及其对成因的指示意义.科学通报，50(24): 2806–2809.
刘少峰，李思田，张国伟. 1999. 论造山带与盆地演化的耦合与非耦合关系–以秦岭及其旁侧盆地为例//马宗晋，等. 构造地质学–岩石圈动力学研究进展. 北京：地震出版社，356–363.
刘少峰，张国伟. 2005. 盆山关系研究的基本思路、内容和方法. 地学前缘，12(3): 336–346.
刘树根，罗志立，赵锡奎，等. 2003. 中国西部盆山系统的耦合关系及其动力学模式——以龙门山造山带–川西前陆盆地系统为例. 地质学报，77(2): 177–186.
刘锁旺，甘家思. 1981. 汾渭裂谷系. 地壳形变与地震，3：110–123.
刘晓东，李力，安芷生. 2001. 青藏高原隆升与欧亚内陆及北非的干旱化. 第四纪研究，21(2): 114–124.
刘秀铭，徐同春，刘东生. 1989. 中国黄土磁化率各向异性与成因及其对第四纪研究的意义. 中国科学(B辑)，(4): 441–448.
刘运明，李有利，吕红华，等. 2007. 从阶地砾石的统计特征看保德至克虎段河流演化. 地理科学，27(4): 567–572.

鹿化煜，安芷生. 1999. 黄土高原红黏土与黄土古土壤粒度特征对比——红黏土风成成因的新证据. 沉积学报，17(2)：226–232.

鹿化煜，王先彦，李郎平. 2008. 晚新生代亚洲干旱气候发展与全球变冷联系的风尘沉积证据. 第四纪研究，28(5)：949–956.

鹿化煜，郭正堂. 2013. 晚新生代东亚气候变化：进展与问题. 中国科学(D)，43(12)：1907–1918.

鹿化煜，张瀚之，王逸超，等. 2018. 渭河盆地新生代沉积序列与亚洲季风气候起源演化.第四纪研究，38(5)：1057–1067.

刘静，张金玉，葛玉魁，等. 2018. 构造地貌学：构造–气候–地表过程相互作用的交叉研究. 科学通报，63，3070–3088.

刘晓东，Dong B，Yin Z，等. 2019. 大陆漂移、高原隆升与新生代亚–非–澳洲季风区和干旱区演化. 中国科学：地球科学，49：1059–1081.

马玉贞，方小敏，李吉均，等. 1998. 临夏地区30.6 ~ 5.0 Ma 红层孢粉植物群与气候演化记录. 科学通报，43(3)：301–304.

马玉贞，方小敏，李吉均，等. 2004. 酒西盆地晚第三纪–第四纪早期植被与气候变化. 中国科学(D辑)：地球科学，34(2)：107–116.

孟庆任. 2017. 秦岭的由来. 中国科学：地球科学，47(4)：412–420.

内蒙古自治区地质矿产局. 2017. 内蒙古自治区区域地质志. 北京：地质出版社.

宁夏自治区地质矿产局. 1990.宁夏自治区区域地质志. 北京：地质出版社.

牛树银，孙爱群，白文吉. 1995. 造山带与相邻盆地间物质的横向迁移. 地学前缘，2(1–2)：85–92.

潘保田，胡振波，胡小飞，等. 2012. 晋陕峡谷北段晚新生代河流演化初步研究. 第四纪研究，32(1)：111–1.

彭建兵，张骏，苏生瑞，等. 1992. 渭河盆地活断裂与地质灾害. 西安：西北大学出版社.

全国地层委员会. 2002.中国区域年代地层(地质年代)表说明书. 北京：地质出版社.

邱占祥，叶捷，姜元吉. 1987. 宁夏吴忠几种灞河期的哺乳动物化石. 古脊椎动物学报，25(1)：46–56.

任战利. 1987. 利用磷灰石裂变径迹发研究鄂尔多斯盆地地热史. 地球物理学报，38(3)：339–349.

陕西省地震局. 1987. 秦岭北缘活动断裂带. 北京：地震出版社.

陕西省地质矿产局. 1989. 陕西省区域地质志. 北京：地质出版社.

山西省地质矿产局. 1989. 山西省区域地质志. 北京：地质出版社.

施炜. 2008. 黄河中游晋陕峡谷的DEM流域特征分析及其新构造意义. 第四纪研究，28(2)：288–298.

宋春晖，方小敏，李吉均，等. 2001. 青藏高原北缘酒西盆地13 Ma以来沉积演化与构造隆升. 中国科学(D辑)：31(增刊)：155–162.

宋友桂，方小敏，李吉均，等. 2001. 六盘山东麓朝那剖面红黏土年代及其构造意义. 第四纪研究，20(5)：457–463.

宋友桂，兰敏文，刘慧芳，等. 2021. 关中盆地新生界地层划分对比与第四纪下限. 地质科技通报，40(2) :24–35.

苏三. 2008. 鄂尔多斯东北缘中生代盆地演化及其对太行山区构造作用的指示(硕士论文). 中国地质大学.

孙东怀. 1997. 晚新生代黄土高原风尘序列的磁性地层与古气候记录(博士论文). 中国科学院研究生院(地球环境研究所).

孙建中. 1986. 关于“黄三门”与“绿三门”. 西安地质学院学报，8(4)：42–45.

孙建中，赵景波，孙秀英，等. 1987. 黄土，还要更老些. 海洋地质与第四纪地质，7(1)：105–112.

孙建中，赵景波，魏明建，等. 1988. 武家堡剖面古地磁新资料. 水文地质工程地质，5：44–48.

索艳慧，李三忠，戴黎明，等. 2012. 东亚及其大陆边缘新生代构造迁移与盆地演化. 岩石学报，28(8)：2602–2618.
孙秀玉，范永琇，邓茨兰. 1980. 渭河盆地新生代孢粉组合. 中国地质科学院院报地质研究所分刊，1(1)：84–113.
孙肇才，谢秋元. 1980. 叠合盆地的发展特征及其含油气性——以鄂尔多斯盆地为例. 石油实验地质，2(1)：13–21.
王斌，郑洪波，王平，等. 2013. 渭河盆地新生代地层与沉积演化研究：现状和问题. 地球科学进展，28(10)：1126–1135.
王斌，常宏，段克勤. 2017. 秦岭新生代构造隆升与环境效应：进展与问题. 地球科学进展，32(7)：707–715.
王斌，曾琳，赵万苍，等. 2017. 对黄土高原风尘搬运动力与沉积控制因素的新认识. 中国沙漠，37(2)：237–246.
王存诚. 1965. 论渭河地堑. 地质学报，45(2)：153–164.
王乃梁. 1996. 山西地堑系新生代沉积与构造地貌. 北京：科学出版社.
王建力，方小敏，李吉均. 1999. 青藏高原东北部15 Ma以来的风沙沉积. 科学通报，44(12)：1326–1331.
王建强. 2010. 鄂尔多斯盆地南部中新生代演化–改造及盆山耦合关系. 西安：西北大学.
王清晨，李忠. 2003. 盆山耦合与沉积盆地成因. 沉积学报，21(1)：24–30.
王书兵，蒋复初，吴锡浩，等. 2004. 三门组的内涵及其意义. 第四纪研究，45(1)：116–123.
王苏民，吴锡浩，张振克，等. 2001. 三门古湖沉积记录的环境变迁与黄河贯通东流研究. 中国科学(D)，31(9)：760–768.
王伟涛，张培震，张广良，等. 2010. 青藏高原东北缘寺口子盆地新生代沉积演化及其构造意义. 地质科学，45(2)：440–452.
王元青，孟津，Beard C.，et al. 2010. 内蒙古二连地区古近纪早期地层序列、哺乳动物演化及其环境效应. 中国科学(D)，40(9)：1277–1286.
王永莉. 2006. 东亚南北气候区现代土壤及湖相沉积中生物标志物特征与气候意义(博士论文). 兰州大学.
汪品先，王乃文，鲍金松. 1982. 汾渭盆地新生代有孔虫的发现及意义. 地质论评，28(2)：93–100.
汪品先. 1982. 亚洲形变与全球变冷——探索气候与构造的关系. 第四纪研究，23(3)：213–221.
汪品先. 2005. 新生代亚洲形变与海陆相互作用. 地球科学，30(1)：1–18.
汪泽成，刘和甫，熊宝贤，等. 2001. 从前陆盆地充填地层分析盆山耦合关系. 地球科学，26(1)：33–39.
吴根耀，马力. 2003. 试论"盆""山"的耦合和脱耦及其运动学. 石油实验地质，25(2)：99–109.
吴锡浩，安芷生. 1996. 黄土高原黄土–古土壤序列与青藏高原隆升. 中国科学，26(2)：103–110.
吴锡浩，蒋复初，王苏民，等. 1998. 关于黄河贯通三门峡东流入海问题. 第四纪研究，18(2)：188.
夏勇. 2007. 渭河盆地新生代沉积特征及与构造的关系(硕士论文). 西安：长安大学.
夏正楷. 1992. 泥河湾盆地的水下黄土堆积及其古气候意义. 地理学报，47(1)：58–65.
肖国桥，詹涛，葛俊逸. 2010. 地磁极性年表的发展回顾. 地球科学进展，25(4)：365–373.
谢静，杨石岭，丁仲礼. 2012. 黄土物源碎屑锆石示踪方法与应用. 中国科学(D辑)，42(6)：923–933.
谢又予. 1984. 中国石英砂表面结构特征图谱. 北京：海洋出版社.
邢作云，赵斌，涂美义，等. 2005. 汾渭裂谷系与造山带耦合关系及其形成机制研究. 地学前缘，12(2)：247–262.
徐煜坚，申屠炳明，汪一鹏. 1988. 渭河盆地北缘断裂带活动特征的初步研究. 地震地质，10(4)：77–88.

许峰宇，王力波. 1994. 磁化率各向异性测量在沉积学中的应用. 沉积学报，12(2)：94–100.

许志琴，张国伟. 2013. 中国(东亚)大陆构造与动力学–科学与技术前沿论坛“中国(东亚)大陆构造与动力学”专题进展. 中国科学(D)，43：1527–1538.

薛铎. 1996. 黄河东段形成时代管见. 河南地质，14(2)：110–112.

薛祥煦. 1981. 陕西渭南早更新世哺乳动物群及其层位. 古脊椎动物与古人类，19(1)：35–44.

薛祥煦，张云翔，岳乐平. 1981. 陕西府谷老高川三趾马动物群的发现及时代分期. 科学通报，40(5)：447–449.

薛祥煦，张云翔，岳乐平. 2001. 黄土高原一个连续的晚新生代剖面及其划分与对比. 地层学杂志，25(2):81–88.

薛祥煦，张云翔. 1996. 从生物化石的性质和分布分析秦岭上升的阶段性与幅度. 地质论评，42(1)：30–36.

薛祥煦，李文厚，刘林玉. 1996. 渭河北迁与秦岭抬升. 西北大学学报(自然科学版)，32(5)：451–454.

阎桂林. 1996. 岩石磁化率各向异性在地学中的应用. 武汉：中国地质大学出版社.

阎永定. 1996. 卤阳湖区的环境变迁及其开发利用. 陕西地质，6(1)：65–75.

杨藩，唐文松，魏景明. 1994. 中国油气区第三系(Ⅱ)西北油气区分册，北京：石油工业出版社.

杨石岭，候圣山，王旭，等. 2000. 泾川晚第三纪红黏土的磁性地层及其与灵台剖面的对比. 第四纪研究，20(5)：423–434.

杨守业，蔡进功，李从先，等. 2001. 黄河贯通时间的新探索. 海洋地质与第四纪地质，20(2)：16–20.

杨星辰. 2018. 阴山西段中–新生代隆升过程及其意义(博士论文). 中国地质科学院.

杨钟健，裴文中. 1933. 洛阳西安间之新生代地质. 中国地质学会志，13：73–90.

杨钟健. 1936. 三门系之历史的检讨. 地质论评，1(3)：323–330.

尹秋珍，肖国桥，郭正堂，等. 2007. 风尘堆积常见的同沉积和沉积后改造特征及其环境意义. 第四纪研究，27(2)：71–78.

袁宝印，汤国安，周力平，等. 2012. 新生代构造运动对黄土高原地貌分异与黄河形成的控制作用. 第四纪研究，32(5)：829–838.

袁凤钿. 1976. 渭河地区新生界及第四系下界的讨论. 陕甘宁石油普查通讯，2：22–32.

袁见齐，高建华. 1987. 中国中新生代盐盆地的构造控制. 地球科学，12(5)：337–347.

袁学诚. 1991. 古地磁学原理及其应用. 北京：地质出版社.

岳乐平. 1989. 蓝田段家坡黄土剖面磁性地层学研究. 地质论评，35(5)：479–488.

岳乐平. 1996. 黄土高原黄土、红色黏土与古湖盆沉积物关系. 沉积学报，14(4)：148–153.

岳乐平，雷祥义，屈红军. 1997. 黄河中游水系的阶地发育时代. 地质论评，43(2)：186–192.

岳乐平，张云翔. 1998. 山西静乐贺丰三趾马动物群与磁性地层. 古脊椎动物学报，36(1)：76–80.

岳乐平，张云翔，王建其，等. 1999. 山西静乐和陕西榆林地区红色土与黄土–古土壤序列之关系. 中国区域地质，18(1)：69–72.

岳乐平，邓涛，张云翔，等. 2004. 保德阶层型剖面磁性地层学研究. 地层学杂志，28(1)：48–51.

岳乐平，李建星，郑国璋，等. 2007. 鄂尔多斯高原演化及环境效应. 中国科学(D辑)，37(增刊)：16–22.

张伯声. 1964. 在块断构造的基础上说明秦岭两侧河流的发育. 地质学报，44(4)：405–417.

张百平. 2019. 中国南北过渡带研究的十大科学问题. 地理科学进展，38(3)：305–311.

张国伟，孟庆任，赖绍聪. 1995. 秦岭造山带的结构与构造.中国科学(B)，25(9)：994–1003.

张国伟，张本仁，袁学诚，等. 2001. 秦岭造山带与大陆动力学. 北京：科学出版社.

张国伟，董云鹏，赖绍聪. 2003. 秦岭—大别造山带南缘勉略构造带与勉略缝合带. 中国科学(D)，33(12)：1121–1135.

张瀚之，鹿化煜，弋双文，等. 2013. 中国北方沙漠／沙地锆石形态特征及其对物源的指示.第四纪研究，33(2)：334–344.

张宏卫，邓起东. 1992. 不对称盆地形成机制探讨——以渭河盆地为例. 中国地震，8(1)：26–35.

张家强，丛友滋，李从先. 1997. 山东长山列岛黄土沉积磁组构特征及意义. 沉积学报，15(3)：141–152.

张家强，李从先，丛友滋. 1999. 水成沉积与风尘沉积及古土壤的磁组构特征. 海洋地质与第四纪地质. 19(2)：85–94.

张抗. 1989. 黄河中游水系形成史初探. 第四纪研究，1：185–193.

张珂. 2012. 河流的竞争——以汾河与晋陕黄河形成演化为例. 第四纪研究，32(5)：859–865.

张林源. 1981. 青藏高原上升对我国第四纪环境演变的影响. 兰州大学学报(自然科学版)，3：142–155.

张培震. 1999. 中国大陆岩石圈最新构造变动与地震灾害. 第四纪研究，5：404–413.

张培震，甘卫军，沈正康，等. 1999. 中国大陆现今构造作用的地块运动和连续变形耦合模型. 地质学报，79(6)：748–756.

张如藩，杨主恩，等. 1999. 扫描电镜与微观地质研究. 北京：学苑出版社.

张睿，岳乐平，王建其. 2006. 准噶尔盆地新生代哺乳动物化石的古地磁定年. 科学通报，51：843–847.

张锐锋，于福生，刘喜恒，等. 2020. 河套盆地临河坳陷及其周边地区中–新生代成盆演化特征. 石油与天然气地质，41(6)：1139–1150.

张拴宏，周显强. 1999. 磁化率各向异性地学应用综述. 地质论评，45(6)：613–620.

张小曳，沈志宝，张光宇，等. 1996a. 青藏高原远源西风粉尘与黄土堆积. 中国科学(D辑)，26(2)：147–153.

张小曳，张光宇，朱光华，等. 1996b. 中国源区粉尘的元素示踪. 中国科学(D辑)，26(5)：423–430.

张玉萍，黄万波，汤英俊，等. 1964. 陕西蓝田新生界的初步观察. 古脊椎动物与古人类，8(2)：134–151.

张玉萍，黄万波，汤英俊，等. 1978. 陕西蓝田地区新生界. 北京：科学出版社.

张岳桥，廖昌珍. 2006. 晚中生代—新生代构造体制转换与鄂尔多斯盆地改造. 中国地质，33(1)：28–40.

张岳桥，施炜，廖昌珍，等. 2006a. 鄂尔多斯盆地周边断裂运动学分析与晚中生代构造应力体制转换. 地质学报，80(5)：639–652.

张岳桥，廖昌珍，施炜，等. 2006b. 鄂尔多斯盆地周边地带新构造演化及其区域动力学背景. 高校地质学报，12(3)：285–297.

张岳桥，廖昌珍，施炜，等. 2007. 论鄂尔多斯及其周缘侏罗纪变形. 地学前缘，14(2)：182–196.

张云翔，薛祥煦. 1995. 甘肃武都龙家沟三趾马动物群化石的埋藏地点及该地“三趾马红层”的成因. 科学通报，40(19)：1782–1784.

张云翔，薛祥煦. 1996. 陕西蓝田地区新第三纪地层划分的几点讨论. 西北地质科学，17(1)：59–62.

张朝锋. 2011. 渭河地堑的形成演化及其动力学机制，西安：西北大学.

张振克，何华春，李书恒，等. 2011. 中国东部中新世风尘沉积的发现及其研究意义. 沉积学报，25(10)：116–123.

赵澄林，朱筱敏. 2001. 沉积岩石学. 北京：石油工业出版社.

赵重远，郭忠铭，惠斌耀. 1984. 河套弧形构造体系及其形成和演化机制. 石油与天然气地质，5(4)：349–361.

赵重远，刘池洋. 1990. 华北克拉通沉积盆地形成于演化及其油气赋存. 西安：西北大学出版社.

赵景波. 1989. 西安、山西保德第三纪晚期红土的研究. 沉积学报，7(3)：113–120.

郑洪波，汪品先，刘志飞，等. 2008. 东亚东倾地形格局的形成与季风系统演化历史寻踪——综合大洋钻探计划683号航次建议书简介. 地球科学进展，23(11)：1150–1160.

郑孟林，金之钧，王毅，等. 2006. 鄂尔多斯盆地北部中新生代构造特征及其演化. 地球科学与环境学报，28（3）：31–36.

中国第四纪研究委员会. 1959. 三门峡第四纪地质会议文集. 北京：科学出版社.

中国科学院地球化学研究所. 1959. 高等地球化学. 北京：科学出版社.

周昆叔，梁秀龙，叶永英，等. 1960. 山西离石王家沟陈家崖老黄土埋藏土壤中的孢粉及植物残体. 中国第四纪研究，3：104–111.

周明镇. 1978. 陕西蓝田地区第三纪哺乳动物群. 地层古生物论文集（第七辑）. 7：98–108.

周特先，王利，曹明志. 1978. 宁夏构造地貌格局及其形成与发展. 地理学报，40（3）：215–224.

朱岗昆. 2005. 古地磁学—基础原理方法成果与应用. 北京：科学出版社.

朱照宇. 1989. 黄河中游河流阶地的形成与水系演化. 地理学报，44（4）：429–440.

Agard，P.，Omrani，J.，Jolivet，L.，et al. 2005. Convergence history across Zagros（Iran）：constraints from collisional and earlier deformation. Geol Rundsch，94：401–419.

Allen，P.，Allen，J. 2013. Basin Analysis：Principles and Application to Petroleum Play Assessment. Wiley-Blackwell.

An，Z.，Ho，C. 1989. New Magnetostratigraphic Dates of Lantian Homo erectus. Quaternary Research，32：213–221.

An，Z.，Liu，T.，Lu，Y.，et al. 1989. The long-term paleomonsoon variation recorded by the loess-paleosol sequence in central China. Quaternary International，7（8）：91–95.

An，Z.，Kukla，G.，Porter，S.，et al. 1991a. Magnetic susceptibility evidence of monsoon variation on the Loess Plateau of central China during the last 130 000 years. Quaternary research，36：29–36.

An，Z.，Kukla，S.，Porter，S.，et al. 1991b. Late Quaternary dust flow on the Chinese Loess Plateau. Catena，18：125–132.

An，Z. 2000. The history and variability of the East Asian paleomonsoon climate. Quaternary Science Reviews，19：171–187.

An，Z.，Kutzbach，J.，Prell，W.，et al. 2001. Evolution of Asian monsoons and phased uplift of the Himalaya-Tibetan plateau since Late Miocene times. Nature，411：62–66.

Andersson，K.，Kaakinen，A. 2004. Floodplain processes in the shaping of fossil bone assemblages：an example from the late Miocene，Bahe Formation，Lantian，China. GFF，126：279–287.

Andersson，K.，Werdelin，L. 2005. Carnivora from the late Miocene of Lantian，China. Vertebrata Palasiatica，43（4）：256–271.

Badgley，C.，Behrensmeyer，A. 1995. Two long geological records of continental ecosystems. Palaeogeography，Palaeoclimatology，Palaeoecology，115：1–11.

Bai，Y.，Fang，X.，Nie，J.，et al. 2009. A preliminary reconstruction of the paleoecological and paleoclimatic history of the Chinese Loess Plateau from the application of biomarkers. Palaeogeography，Palaeoclimatology，Palaeoecology，271：161–169.

Bao，X.，Xu，M.，Wang，L.，et al. 2011. Lithospheric structure of the Ordos Block and its boundary areas inferred from Rayleigh wave dispersion. Tectonophysics，499：132–141.

Barry，J.，Morgan，M.，Flynn，L.，et al. 2002. Faunal and Environmental Change in the Late Miocene Siwaliks of Northern Pakistan. Paleobiology，28（2）：1–71.

Bellier，O.，Mercier，J.，Vergély，P.，et al. 1988. Evolution sédimentaire et tectonique du graben cénozoïque de la Wei He（province du Shaanxi，Chine du Nord）. Bulletin de la Société Géolologique de France，IV（6）:

979–994.

Bellier, O., Vergély, P., Mercier, J. 1991. Analyse tectonique et sédimentaire dans les monts Li Shan (Province du Shaanxi–Chine du Nord); datation des regimes tectoniques extensifs dans le garben de la Wei He.) . Bulletin de la Société Géologique de France, 162: 101–112.

Berggren, W., Kent, D., Flynn, J., et al. 1985. Cenozoic geochronology. Geological Society of America Bulletin, 96: 1407–1418.

Bernet, M., Brandon, M., Garver, J., et al. 2004. Fundamentals of detrital zircon fission–track analysis for provenance and exhumation studies with examples from the European Alps. Geological Society of America Special Paper, 378: 25–36.

Biasatti, D., Wang, Y., Deng, T. 2010. Strengthening of the East Asian summer monsoon revealed by a shift in seasonal patterns in diet and climate after 2 ~ 3 Ma in Northwest China. Palaeogeography, Palaeoclimatology, Palaeoecology, 297: 12–15.

Biscaye, P., Grousset, F., Revel, M., et al. 1997. Asian provenance of glacial dust (stage 2) in the Greenland Ice Sheet Project 2 Ice Core, Summit, Greenland. Journal of Geophysical Research, 102 (C12): 26765–26781. doi: 10.1029/97JC01249.

Burbank, D., Louis, A., Christian, F. 1993. Reduced Himalayan sediment production 8 Myr ago intensified monsoon. Nature, 364: 48–50.

Burbank, D., Anderson, R. 2011. Tectonic Geomorphology (2nd edition) . Massachusetts: Blackwell Science.

Busby, C., and Ingersoll, R. 2012. Tectonics of Sedimentary Basins. Massachusetts: Blackwell Science.

Chang, H., An, Z., Liu, W., et al. 2012. Magnetostratigraphic and paleoenvironmental records for a Late Cenozoic sedimentary sequence drilled from Lop Nor in the eastern Tarim Basin. Global and Planetary Change, 80–81: 113–122.

Chang, H., Ao, H., An, Z., et al. 2012. Magnetostratigraphy of the Suerkuli Basin indicates Pliocene (3.2 Ma) activity of the middle Altyn Tagh Fault, northern Tibetan Plateau. Journal of Asian Earth Sciences, 44: 169–175.

Chemenda, A., Burg, J., Mattauer, M. 2000. Evolutionary model of the Himalaya–Tibet system: Geopoem based on new modelling: geological and geophysical date. Earth and Planetary Science Letters, 174 (3–4): 397–409.

Chen, G. 2005. Dorcadoryx Teilhard et Trassaert 1938 (Bovidae, Artiodactyla) from the Bahe Formation of Lantian, Shaanxi Province, China. Vertebrata PalAsiatica, 43 (4): 272–282.

Chen, J., An, Z., Liu, L., et al. 2001. Variations in chemical compositions of the eolian dust in Chinese Loess Plateau over the past 2.5 Ma and chemical weathering in the Asian inland. Science China (D), 44: 403–413.

Chen, J., Li, G., Yang, J., et al. 2007. Nd and Sr isotopic characteristics of Chinese deserts: implications for the provenances of Asian dust. Geochimica et Cosmochimica Acta, 71: 3904–3914.

Chung, S., Lo, C., Lee, T., et al. 1998. Diachronous uplift of the Tibetan plateau starting 40 Myr ago. Nature, 394: 769–773.

Clark, M., House, M., Royden, L., et al. 1998. Late Cenozoic uplift of Southeastern Tibet. Geology, 33 (6): 525–528.

Committee on Challenges and Opportunities in Earth Surface Processes, National Research Council. 1998. Landscapes on the edge: New Horizons for Research on Earth's Surface. Washington, D.C.: National Academies Press.

Cox，A.，Doell，R.，Dalrymple，G. 1963. Geomagnetic polarity epochs and Pleistocene geochronometry. Nature，198：1049–1051.

Darby，B.，Ritts，B. 2002. Mesozoic contractional deformation in the middle of the Asian tectonic collage：the enigmatic Western Ordos fold–thrust belt. Earth and Planetary Science Letters，205：13–24.

Deng，T. 2006. Chinese Neogene mammal biochronology. Vertebrata PalAsiatica，44（2）：143–163.

Deng，T.，Li，Q.，Tseng，Z.，et al. 2012. Locomotive implication of a Pliocene three–toed horse skeleton from Tibet and its paleoaltimetry significance. Proceedings of the National Academy of Sciences，199（19）：7374–7378.

Deng，T.，Qiu，Z.，Wang，B.，et al. 2013. Late Cenozoic Biostratigraphy of the Linxia Basin，Northwestern China. In：Wang，X.，Flynn，L.，Fortelius，M.，（Eds.）Fossil Mamals of Asia. New York：Columbia University Press.

Ding，L.，Kapp，P.，Cai，F. et al. 2022. Timing and mechanisms of Tibetan Plateau uplift. Nat Rev Earth Environ，3：652–667 .

Ding，Z.，Rutter，N.，Han，J.，et al. 2022. A coupled environmental system formed at about 2.5 Ma in East Asia. Paleogeography，Palaeoclimotology，Palaeoecology，94：223–242.

Ding，Z.，Yu，Z.，Rutter，N.，et al. 1994. Towards an orbital time scale for Chinese loess deposits. Quaternary Science Reviews，13：39–40.

Ding，Z.，Liu，T.，Rutter，N. 1995. Ice–volume forcing of East Asian winter monsoon variations in the past 800，000 years. Quaternary Research，44：149–159.

Ding，Z.，Sun，J.，Liu，T.，et al. 1998a. Wind–blown origin of the Pliocene red clay formation in the central Loess Plateau，China. Earth and Planetary Science Letters，161：135–143.

Ding，Z.，Sun，J.，Yang，S.，et al. 1998b. Preliminary magnetostratigraphy of a thick eolian red clay–loess sequence at Lingtai，the Chinese Loess Plateau. Geophysicsl Research Letters，25（8）：1225–1228.

Dong，Y.，Zhang，G.，Neubauer，F.，et al. 2011. Tectonic evolution of the Qinling orogeny，China：Review and synthesis. Journal of Asian Earth Sciences，41：213–237.

Dong，Y.，Shi，X.，Sun，S.，et al. 2022. Co–evolution of the Cenozoic tectonics，geomorphology，environment and ecosystem in the Qinling Mountains and adjacent areas，Central China. Geosystems and Geoenvironment，doi:100032 10.1016/j.geogeo.2022.100032.

Enkelmann，E.，Ratschbacher，L.，Jonckheere，R.，et al. 2006. Cenozoic exhumation and deformation of northeastern Tibet and the Qinling：Is Tibetan lower crustal flow diverging around the Sichuan Basin? Geological Society America Bulletin，118：651–671.

Evans M.，Wang Y.，Rutter N.，et al. 1991. Preliminary magnetostratigraphy of the red clay underlying the loess sequenee at Baoji，China. Geophysical Researeh Letters，18：1409–1412.

Fan，M.，Song，C.，Dettman，D.，et al. 2006. Intensification of the Asian winter monsoon after 7.4 Ma：Grain–size evidence from the Linxia Basin，northeastern Tibetan Plateau，13.1 Ma to 4.3 Ma. Earth and Planetary Science Litters，248：186–197.

Fang，X.，Garzione，C.，van der Voo，R.，et al. 2003. Flexural subsidence by 29 Ma on the NE edge of Tibet from the magnetostratigraphy of Linxia Basin，China. Earth and Planetary Science Letters，210：82–94.

Flynn，L.，Pilbeam，D.，Jacobs，L.，et al. 1990. The Siwaliks of Pakistan：Time and Faunas in a Miocene Terrestrial Setting. The Journal of Geology，98（4）：589–604.

Flynn，L.，Wu，W.，Downs，W. 1997. Dating vertebrate microfaunas in the late Neogene record of Northern

China. Palaeo–geography，Palaeoclimatology，Palaeoecology，133：227–242.

Flynn，L.，Deng，T.，Wang，Y.，et al. 2011. Observations on the Hipparion red clays of the Loess Plateau. Vertebrata Palasiatica，49：275–284.

Fortelius，M.，Eronen，J.，Jernvall，J.，et al. 2004. Fossil mammals resolve regional patterns of Eurasian climatechange over 20 million years. Evolutionary Ecology Research，4：1005–1016.

Fortelius，M.，Eronen，J.，Liu，L.，et al. 2006. Late Miocene and Pliocene large land mammals and climatic changes in Eurasia. Palaeogeography，Palaeoclimatology，Palaeoecology，238：219–227.

Fortelius，M. 2009. Neogene of the Old World Database of Fossil Mammals（NOW），University of Helsinki. http://www.helsinki.fi/science/now.

Garzione，C.，Ikari，M.，Basu，A. 2005. Source of Oligocene to Pliocene sedimentary rocks in the Linxia basin in northeastern Tibet from Nd isotopes：Implications for tectonic forcing of climate. Geological Society America Bulletin，117（9）：1156–1166.

Garcés，M.，Cabrera，L.，Agustí，J.，et al. 1997. Old World first appearance datum of "Hipparion" horses：Late Miocene large–mammal dispersal and global events. Geology，25：19–22.

Ge，J.，Guo，Z. 2010. Neogene eolian deposits within the West Qinling Mountains：climate and tectonic implications. China Science Bulletin，55：1483–1487.

Ge，J.，Guo，Z.，Zhan，T.，et al. 2012. Magnetostratigraphy of the Xihe loess–soil sequence and implication for late Neogene deformation of the West Qinling Mountains. Geophysical Journal International，189：1399–1408.

Goldstein，S.，Arndt，N.，Stallard，R. 1997. The history of a continent from U–Pb ages of zircons from Orinoco River sand and Sm–Nd isotopes in Orinoco basin river sediments. Chemistry Geology，139：271–286.

Golonka，J. 2004. Plate tectonic evolution of the southern margin of Eurasia in the Mesozoic and Cenozoic. Tectonophysics，381：235–273.

Gradstein，F.，Ogg，J.，Schmitz，M. 2012. The Geologic Time Scale 2012. New York：Elsevier，Amsterdam.

Grousset，F. and Biscaye，P. Tracing dust sources and transport patterns using Sr，Nd and Pb isotopes. Chemical Geology，2005，222：149–167.

Guo，Z.，Peng，S.，Hao，Q.，et al. 2001. Origin of the Miocene– Pliocene Red–Earth Formation at Xifeng in Northern China and implications for paleoenvironments. Palaeogeography，Palaeoclimatology，Palaeoecology，170：11–26.

Guo，Z.，Ruddiman，W.，Hao，Q.，et al. 2002. Onset of Asian desertification by 22 Myr ago inferred from loess deposits in China. Nature，416：159–163.

Guo，Z.，Sun，B.，Zhang，Z.，et al. 2008. A major reorganization of Asian climate regime by the early Miocene. Climate of the Past，4：153–174.

Hall，R. 2002. Cenozoic geological and plate tectonic evolution of SE Asia and the SW Pacific：Computer–based reconstructions，model and animations. Journal of Asian Earth Sciences，20：353–431.

Hao，Q. and Guo，Z. 2004. Magnetostratigraphy of a late Miocene–Pliocene loess–soil sequence in the western Loess Plateau in China. Geophisical Research Letters，31：L09209，doi：10.1029/2003 GL019392.

Harrison，T.，Copeland. P.，Kidd，W.，et al. 1992. Raising Tibet. Science，255：1663–1670.

Hay，W. 1996. Tectonics and climate. Geol Rundsch，85：409–437.

Hay，W.，Soeding，E.，DeConto，R.，et al. 2002. The Late Cenozoic uplift–climate change paradox. Geol Rundsch，91：746–774.

Huang，Z.，Xu，M.，Wang L.，et al. 2008. Shear wave splitting in the southern margin of the Ordos Block， north China. Geophysical Research Letters, 35, L19301, doi:10.1029/2008GL035188.

Kaakinen, A., and Lunkka, J. 2003. Sedimentation of the Late Miocene Bahe Formation and its implications for stable environments adjacent to Qinling mountains in Shaanxi, China. Journal of Asian Earth Science, 22: 67–78.

Kaakinen, A. 2005. A long terrestrial sequence in Lantian–a window into the late Neogene palaeoenvironments of northern China (PhD–thesis), University of Helsinki.

Kaakinen, A., Sonninen, E., Lunkka, J. 2006. Stable isotope record in paleosol carbonates from the Chinese Loess Plateau: implications for late Neogene paleoclimate and paleovegetation. Palaeogeography, Palaeoclimatology, Palaeoecology, 237: 359–369.

Kirschvink, J. 1980. The least–squares line and plane and the analysis of palaeomagnetic data. Geophysical Journal of the Royal Astronomical Society, 62: 699–718.

Kong, P., Jia, J., Zheng, Y. 2014. Time constraints for the Yellow River traversing the Sanmen Gorge. Geochemistry, Geophysics, Geosystems, 15: 395–407.

Kukla, G. 1987. Loess stratigraphy in central China. Quaternary Science Reviews, 6: 191–219.

Kukla, G., and An, Z. 1989. Loess stratigraphy in central China. Palaeogeography, Palaeoclimatology, Palaeoecology, 72: 203–225.

Kurtén, B. 1952. The Chinese Hipparion fauna. Commentationes Biological, Societas Scientiarum Fennica, 13: 1–82.

Kutzbach, J., Prell, W., Ruddiman, W. 1993. Sensitivity of Eurasian climate to surface uplift of the Tibetan Plateau. Journal of Geology, 101: 177–190.

Janis, C. 1993. Tertiary mammal evolution in the context of changing climates, vegetation, and tectonic events. Annu. Rev. Ecol. Syst., 24: 467–500.

Jichells, T., An, Z., Andersen, K., et al. 2005. Global Iron Connections Bettween Desert Dust, Ocean Biogeochemistry, and Climate. Science, 308: 67–71.

Jones, C. 2002. User–driven Integrated Software Lives: "PaleoMag" Paleomagnetics Analysis on the Macintosh. Computers and Geosciences, 28(10): 1145–1151.

Jordan, T., Reynolds, J., Erikson, J. 1997. Variability in Age of Initial Shortening and Uplift in the Central Andes, 16 - 33° 30′ S. In: Ruddiman, W. (Eds) Tectonic Uplift and Climate Change. New York: Plenum Press.

Lee, J., Willians, L., Ellis, D. 1997. Pb, U and Th diffusion in natural zircon. Nature, 390: 159–161.

Li, G., Chen, J., Ji, J., et al. 1997. Natural and anthropogenic sources of East Asian dust. Geology, 37(8), 727–730. doi: 10/1130/G30031A.1.

Li, G., Pettke, T., Chen, J. 2011. Increasing Nd isotopic ratio of Asian dust indicates progressive uplift of the north Tibetan Plateau since the middle Miocene. Geology, 39: 199–202.

Li, J. 1995. Uplift of Qinghai–Xizang (Tibet) Plateau and Global Change. Lanzhou: Lanzhou University Press.

Li, J., Zhang, J., Song, C., et al. 2006. Miocene Bahean stratigraphy in the Longzhong Basin, northern central China and its implications in environmental change. Science in China (D), 49(12): 1270–1279.

Li, S., Kusky, T., Wang, L., et al. 2007. Collision leading to multiple–stagle large–scale extrusion in the Qinling orogen: Insights from the Mianlue suture. Gondwana Research, 12: 121–143.

Li, Y., Shi, W., Aydin, A., et al. 2020. Loess genesis and worldwide distribution. Earth–Science Reviews, 201, 102947, doi: 10.1016/j.earscirev.2019.102947.

Liang, M., Guo, Z., Kahmann, A., et al. 2009. Geochemical characteristics of the Miocene eolian deposits in

China: Their provenance and climate implications. Geochemistry, Geophysics, Geosystems, 10, Q04004, doi: 10. 1029/2008GC002331.

Lin, A., Yang, Z., Sun, Z., et al. 2001. How and when did the Yellow River develop its square bend?. Geology, 29(10): 951–954.

Liu, C., Masuda, A, Okada, A., et al. 1993. A geochemical study of loess and desert sand in northern China: Implications for continental crust weathering and composition. Chenical Geology, 106: 359–374.

Liu, C., Masuda, A, Okada, A., et al. 1994. Isotope geochemistry of Quaternary deposits from the arid lands in northern China. Earth and Planetary Science Letters, 127: 25–38.

Liu, F., Li, G., Chen, J. 2014. U–Pb ages of zircon grains reveal a proximal dust source of the Xiashu loess, Lower Yangtze River region, China. Chinese Science Bulletin, 59: 2391–2395.

Liu, J., Guo, Z., Qiao, Y., et al. 2014. Eolian origin of the Miocene loess - soil sequence at Qin'an, China: evidence of quartz morphology and quartz grain–size. China Science Bulletin, 51:117–120.

Liu, J., Zhang, P., Lease, R., et al. 2012. Eocene onset and late Miocene acceleration of Cenozoic intracontinental extension in the North Qinling range–Weihe graben: Insights from apatite fission track thermochronology. Tectonophysics, 584(22): 281–296.

Liu, L., Eronen, J., Fortelius, M. 2009. Significant mid–latitude aridity in the middle Miocene of East Asia. Palaeography, Palaeoclimatology, Palaeoecology, 279: 201–206.

Liu, S. 1998. The coupling mechanism of basin and orogeny in the western Orodos basin and adjacent regions of China. Journal of Asian Earth Sciences, 16: 369–383.

Liu, S., and Yang, S. 2000. Upper Triassic–Jurassic sequence stratigraphy and its structural controls in the western Orodos basin, China. Basin Research, 12: 1–18.

Liu, T., and Ding, Z. 1998. Chinese loess and the paleomonsoon. Annual Reviews Earth and Planetary Sciences, 26: 111–145.

Liu, X., Xu, T., Liu, T. 1988. The Chinese loess in Xifeng, Ⅱ. A study of anisotropy of magnetic susceptibility of loess from Xifeng. Geophysical Journal, 92: 349–353.

Liu, X. and Yin, Z. 2002. Sensitivity of East Asian monsoon climate to the uplift of the Tibetan Plateau. Palaeogeography, Palaeoclimatology, Palaeoecology, 183: 223–245.

Liu, Y. 2020. Neogene fluvial sediments in the northern Jinshaan Gorge, China: Implications for early development of the Yellow River since 8 Ma and its response to rapid subsidence of the Weihe–Shanxi Graben. Palaeogeography, Palaeoclimatology, Palaeoecology, 546, doi: 109675 10.1016/j.palaeo.2020.109675.

Lu, H., Vandenberghe, J., An, Z. 2020. Aeolian origin and palaeoclimatic I mplications of the 'Red Clay' (north China) as evidenced by grain–size distribution. Journal of Quaternary Science, 16(1): 89–97.

Lu, H., Wang, X., An, Z., et al. 2004. Geomorphologic evidence of phased uplift of the northeastern Qinghai - Tibet Plateau since 14 million years ago. Science China (D), 47: 822–833.

Lu, H., Wang, X., Li, L. 2010. Aeolian sediment evidence that global cooling has driven late Cenozoic stepwise aridification in central Asia. Geological Society, London, Special Publications, 342: 29–44.

Lu, H. 2015. Driving force behind global cooling in the Cenozoic: an ongoing mystery. Sci. Bull., 60(24): 2091–2095.

Lu, H., Feng, H., Lyu, H., et al. 2023. Formation and evolution of the Asian landscape during the Cenozoic. The Innovation Geoscience, 1(2): 100020. doi:10.59717/j.xinn–geo.2023.100020.

Manabe, S., Terpstra T. 1974. The effects of mountains on the general circulation of the atmosphere as identified by numerical experiments. Journal of the Atmospheric Sciences, 31(1): 3–42.

Mattauer, M., Matte, P., Malavieille, J., et al. 1985. Tectonics of the Qinling Belt: build - up and evolution of eastern Asia. Nature, 317: 496–500.

McLennan, S., Hemming, S., McDaniel, D., et al. 1993. Geochemical approaches to sedimentation, provenance and tectonics. In: Johnsson, M. J., Basu, A., (Eds.) Processes Controlling the Composition of Clastic Sediments. Colorado, Boulder.

Miao, Y., Herrmann, M., Wu, F., et al. 2012. What controlled Mid–Late Miocene long–term aridification in Central Asia? – Global cooling or Tibetan Plateau uplift: A review. Earth–Science Reviews, 112: 155–172.

Miao, Y., Fang, X., Sun, J., et al. 2022. A new biologic paleoaltimetry indicating Late Miocene rapid uplift of northern Tibet Plateau. Science, 378: 1074–1079.

Molnar, P., Tapponnier, P. 1975. Cenozoic Tectonics of Asia: Effects of a Continental Collision. Science, 189 (4201): 419–426.

Molnar, P., England, P. 1990. Late Cenozoic uplift of mountain ranges and global climate change: chicken or egg?. Nature, 346: 29–34.

Molnar, P., England, P., Martinod, J. 1993. Mantle dynamics, uplift of the Tibetan Plateau, and the Indian monsoon. Reviews of Geophysics, 31: 357–396.

Molnar, P., Boos, W., Battisti, D. 2010. Orographic Controls on Climate and Paleoclimate of Asia: Thermal and Mechanical Roles for the Tibetan Plateau. Annual Reviews Earth and Planetary Sciences, 38: 77–102.

Molnar, P. 2005. Mio–Pliocene growth of the Tibetan Plateau and evolution of East Asian climate. Palaeontol Electron, 8: 1–23.

Muhs, D. 2013. The geologic records of dust in the Quaternary. Aeolian Resarch, 9: 3–48.

Nakai, S., Halliday, A., Rea, D. 1993. Provenance of dust in the Pacific Ocean. Earth and Planetary Science Letters, 119: 143–157.

Nie, J., King, J., Fang, X. 2007. Enhancement mechanisms of magnetic susceptibility in the Chinese red–clay sequence. Geophysical Research Letters, 34, doi: 10.1029/2007GL031430.

Nilsson, T. 1983. The Pleistocene: Geology and life in the Quaternary Ice Age. Dordrecht: Springer.

Ogg, J. and Smith, A. 2004. The geomagnetic polarity time scale. In: Gradstein F, Ogg J, Smith A, (Eds.) A Geological Time Scale 2004. Cambridge: Cambridge University Press, 63–86.

Opdyke, N., Channell, J. 1996. Magnetic Stratigraphy. San Diego, California: Academic Press.

Pan, B., Wang, J., Gao, H., et al. 2005. Paleomagnetic dating of the topmost terrace in Kouma, Henan and its indication to the Yellow River's running throuth Sanmen Gorges. Chinese Science Bulletin, 50(7): 657–664.

Partridge, T. 1997. Late Neogene Uplift in Eastern and Southern Africa and its Paleoclimatic Implications. In: Ruddiman, W.(Eds) Tectonic Uplift and Climate Change. New York: Plenum Press.

Passey, B., Ayliffe, L., Kaakinen, A., et al. 2009. Strengthened East Asian summer monsoons during a period of high–latitude warmth? Isotopic evidence from Mio–Pliocene fossil mammals and soil carbonates from northern China. Earth and Planetary Science Letters, 277: 443–452.

Peltzer, G., Tapponnier, P., Zhang, Z., et al. 1985. Neogene and Quaternary faulting in and along the Qinling shan. Nature, 317: 500–505.

Peltzer, G., Tapponnier, P. 1988. Formation and evolution of strike–slip faults, and basins during the India–Asia collision: an experimental approach. Journal of Geophysical Research, 93: 85–117.

Peng, T., Li, J., Song, C., et al. 2012. Biomarkers challenge early Miocene loess and inferred Asian desertification. Geophisical Research Letters, 39, L06702, doi: 10.1029/2012GL050934.

Pollard, D. 2003. New Departure in Structural Geology and Tectonics. http: //www. pangea. stanford. edu/ ~ dpollard/ NFS/March 23, 2003.

Porter, S., An, Z., Zheng, H. 1992. Cyclic Quaternary Alluviation and Terracing in a Nonglaciated Drainage Basin on the North Flank of the Qinling Shan, Central China. Quaternary Research, 38: 157–169.

Porter, S., An, Z. 1995. Correlation between climatic events of the last glaciation in the North Atlantic and China. Nature, 375: 305–308.

Potts, R., Behrensmeyer, A. 1992. Late Cenozoic terrestrial ecosystems. In: Behrensmeyer, A., Damuth, J., DiMichele, W., et al. (Eds.) Terrestrial ecosystems through time: evolutionary paleoecology of terrestrial plants and animals. Chicago: University of Chicago Press.

Prins, M., Vriend, M., Nugteren, G., et al. 1992. Late Quaternary aeolian dust input variability on the Chinese Loess Plateau: inferences from unmixing of loess grain–size records. Quaternary Science Review, 2: 230–242.

Pullen, A., Kapp, P., McCallister, A., et al. 2011. Qaidam Basin and northern Tibetan Plateau as dust sources for the Chinese Loess Plateau and paleoclimatic implications. Geology, 39 (11): 1031–1034.

Pye, K. 1987. Aeolian Dust and Dust Deposit. London: Academic Presss.

Pye, K. 1995. The nature, origin and accumulation of loess. Quaternary Science Reviews, 14: 653–667.

Qiang, X., Li, Z., Powell, C., et al. 2001. Magnetostratigraphic record of the Late Miocene onset of the East Asian monsoon, and Pliocene uplift of northern Tibet. Earth and Planetary Science Litters, 187: 83–93.

Qiang, X., An, Z., Song Y., et al. 2011. New eolian red clay sequence on the western Chinese Loess Plateau linked to onset of Asian desertification about 25 Ma ago. Science China (D), 54: 135–144.

Qiu, Z., Ye, J., Jiang, Y. 1987. Some mammalian fossils of Bahe Stage from Wuzhong, Ningxia. Vertebrata PalAsiatica, 25 (1): 46–56.

Qiu, Z., and Qiu, Z. 1995. Chronological sequence and subdivision of Chinese Neogene mammalian faunas. Palaeogeography, Palaeoclimatology, Palaeoecology, 116: 41–70.

Qiu, Z., Zheng, S., Sen S., et al. 2003. Late Miocene micromammals from the Bahe Formation, Lantian, China. In: Reumer, J. W. F., Wessels, W. (Eds.) Distribution and Migration of Tertiary Mammals in Eurasia. Deinsea, 10: 443–453.

Qiu, Z., Zheng, S., Zhang, Z. 2004a. Murids from the late Miocene Bahe formation, Lantian, Shaanxi. Vertebrata PalAsiatica, 42 (1): 67–76.

Qiu, Z., Zheng, S., Zhang, Z. 2004b. Gerbillids from the late Miocene Bahe formation, Lantian, Shaanxi. Vertebrata PalAsiatica, 42 (3): 193–204.

Qiu, Z., Zheng, S., Zhang, Z. 2008. Sciurids and zapodids from the late Miocene Bahe Formation, Lantian, Shaanxi. Vertebrata Palasiatica, 46 (2): 111–123.

Quade, J., Cerling, T., Bowman, J. 1989. Development of Asian Monsoon revealed by mark ecological shift during the latest Miocene in Northern Pakistan. Nature, 342: 163–166.

Quade, J., Cater, J., Ojha, T., et al. 1995. Miocene environmental change in Nepal and the Northern Indian subcontinent: stable isotopic evidence from paleosols. Geological Society America Bulletin, 107 (12): 1381–1397.

Ramstein, G., Fluteau, F., Besse, J., et al. 1997. Effect of orogeny, plate motion and land – sea distribution on Eurasian climate change over the past 30 million years. Nature, 386 (24): 788–795.

Ramstein, G., Khodri, M., Donnadieu, Y., et al. 2005. Impact of the hydrological cycle on past climate changes: three illustrations at different time scales. Comptes Rendus Geoscience, 337: 125–137.

Rao, G., Lin, A., Yan, B., et al. 2015. Paleoseismic study on active normal faults in the southeastern Weihe Graben, central China. Journal of Asian Earth Sciences, 114: 212–225.

Ratschbacher, L., Hacker, B., Calvert, A., et al. 2003. Tectonics of the Qinling (Central China): tectonostratigraphy, geochronology, and deformation history. Tectonophysics, 366: 1–53.

Raymo, M., Ruddiman, W., Froelich, P. 1988. Influence of late Cenocoic mountain building on ocean geochemical cycles. Geology, 16: 649–653.

Raymo, M., Ruddiman, W. 1992. Tectonic forcing of late Cenozoic climate. Nature, 359: 117–122.

Rea, D. 1994. The paleoclimatic record provided by eolian deposition in the deep sea: the geological history of wind. Reviews of Geophysics, 32(2): 159–195.

Rea, D., Hovan, S. 1995. Grain size distribution and depositional processes of the mineral component of abyssal sediments: Lessons from the North Pacific. Paleoceanography, 10(2): 251–258.

Rea, D., Snoeckx, H., Joseph, L. 1998. Late Cenozoic eolian deposition in the North Pacific: Asian drying, Tibetan uplift, and cooling of the northern hemisphere. Paleoceanography, 13(3): 215–224.

Ritts, B., Hanson, A., Darby, B., et al. 2004. Sedimenary record of Triassic intraplate extension in North China: evidence from the nonmarine NW Ordos Basin, Helan Shan and Zhuozi Shan. Tectonophysics, 386: 177–202.

Rits, D., Prins, M., Troelstra, S., et al. 2016. Facies analysis of the middle and late quaternary sediment infill of the northern Weihe Basin, Central China. J. Quat. Sci. 31: 152–165.

Rits, D., van Balen, R., Prins, M., et al. 2017. Evolution of the alluvial fans of the Luo River in the Weihe Basin, central China, controlled by faulting and climate change–A reevaluation of the paleogeographical setting of Dali Man site. Quaternary Science Reviews, 166: 339–351.

Ruddiman, W., Kutzbach, J. 1989. Forcing of Late Cenozoic Northern Hemisphere climate by plateau uplift in Southern Asian and AmericanWest. Journal of Geophysical Research, 94(D15):18409–18427.

Ruddiman, W., Prell, W. 1997. Introduction to the Uplift–Climate Connection. In: Ruddiman, W.(Eds) Tectonic Uplift and Climate Change. New York: Plenum Press.

Rutter, N., Ding, Z., Evans, M., et al. 1991. Baoji–type pedostratigraphic section on loess Platean, north Central China. Quaternary Seienee Reviews, 10: 1–22.

Schlosser, M. 1903. Die fossilen Säugethiere Chinas nebst einer Odontographie der recenten Antilopen. Abhandlungen der Bayerischen Akademie der Wissenschaften, 22: 1–221.

Searle, M., Windley, B., Coward, M., et al. 1987. The closing of the Tethys and the tectonics of the Himalaya. Geological Society of America Bulletin, 98: 678–701.

Shao, Y., Wyrwoll, K., Chappell, A., et al. 2011. Dust cycle: An emerging core theme in Earth system science. Aeolian Research, 2: 181–204.

Shi, W., Cen, M., Chen, L., et al. 2015. Evolution of the late Cenozoic tectonic stress regime in the Shanxi Rift, central North China Plate inferred from new fault kinematic analysis. Journal of Asian Earth Sciences, 114: 54–72.

Shi, X., Yang, Z., Dong, Y., et al. 2021. Millennial–scale erosion patterns of the northern Qinling Mountains, Central China: Implications for topographical evolution. Geomorphology, 382, 107670. doi: 10.1016/j.geomorph. 2021. 107670.

Smalley, I., and Markovi, S. 2019. Controls on the nature of loess particles and the formation of loess Deposits.

Quaternary International，502：160–164.

Stevens，T.，Palk，C.，Carter，A.，et al. 2010. Assessing the provenance of loess and desert sediments in northern China using U–Pb dating and morphology of detrital zircons. Geological Society America Bulletin，122（7–8）：1 331–1 344，doi：10.1130 /B30102.1

Suarez，M.，Benjamin，P.，Kaakinen，A. 2011. Paleosol carbonate multiple isotopologue signature of active East Asian summer monsoon during the late Miocene and Pliocene. Geology，39：1151–1154.

Sun，D.，Liu，T.，Chen，M.，et al. 1997. Magnetostratigraphy and palaeoclimate of Red Clay sequences from Chinese Loess Plateau. Science China（D），40：337–343.

Sun，D.，Shaw，J.，An，Z.，et al. 1998. Magnetostratigraphy and paleoclimatic interpretation of a continuous 7.2 Ma Late Cenozoic eolian sediments from the Chinese Loess Plateau. Geophysical Research Letters，25：85–88.

Sun，D.，Bloemendal，J.，Rea，D.，et al. 2002. Grain–size distribution function of polymodal sediments in hydraulic and aeolian environments，and numerical partitioning of the sedimentary components. Sedimentary Geology，152：263–277.

Sun，J. 2005. Long–term fluvial archives in the Fen Wei Graben，central China，and their bearing on the tectonic history of the India–Asia collision system during the Quaternary. Quaternary Science Reviews，24：1279–1286.

Sun，J.，Liu，T. 2006. The Age of the Taklimakan Desert. Science，312：1621.

Sun，J.，Zhang，Z.，Zhang，L. 2009. New evidence on the age of the Taklimakan Desert. Geology，37（2）:159–162.

Sun，J.，Ye，J.，Wu，W.，et al. 2010. Late Oligocene – Miocene mid–latitude aridification and wind patterns in the Asian interior. Geology，38：515–518.

Sun，X.，Wang，P. 2005. How old is the Asian monsoon system?—Palaeobotanical records from China. Palaeogeography，Palaeoclimatology，Palaeoecology，222：181–222.

Sun，Y.，An，Z. 2002. History and variability of Asian interior aridity recorded by eolian flux in the Chinese Loess Plateau during the past 7 Ma. Science China（D），45：420–429.

Tapponnier，P.，Peltzer，G.，Le Dain，A.，et al. 1982. Propagating extrusion tectonics in Asia：new insights from simple experiments with plasticine. Geology，10（12）：611–616.

Tapponnier，P.，Xu，Z.，Roger，F.，et al. 2001. Geology—Oblique stepwise rise and growth of the Tibet Plateau. Science，294：1671–1677.

Tauxe，L. 2005. Lectures in Paleomagnetism. Available online http：//earthref. org/MAGIC/ books/ Tauxe/2005/.

Tayor，S.，McLennan，S. 1985. The Continental Crust：Its Composition and Evolution. Oxford：Blackwell.

Tedford，R.，Flynn，L.，Qiu，Z.，et al. 1991. Yushe Basin，China；Paleomagnetically Calibrated Mammalian Biostratigraphic Standard for the Late Neogene of Eastern Asia. Journal of Vertebrate Paleontology，11（4）：519–526.

Tedford，R.，Qiu，Z.，Flynn，L.，et al. 2013. Late Cenozoic Yushe Basin，Shanxi Province，China：Geology and Fossil Mammals. New York：Springer.

Vandenberghe，J. 2013. Grain size of fine–grained windblown sediment：A powerful proxy for process identification. Earth–Science Reviews，121：18–30.

Wang，B.，Zheng，H.，He，Z.，et al. 2014. Middle Miocene eolian sediments on the southern Chinese Loess Plateau dated by magnetostratigraphy. Palaeogeography，Palaeoclimatology，Palaeoecology，411：257–266.

Wang，B.，Kaakinen，K.，Clift，P. 2017. Tectonic controls of the onset of aeolian deposits in Chinese Loess Plateau–a preliminary hypothesis. International Geology Review，doi：10.1080/00206814.2017.1362362.

Wang, C., Zhao, X., Liu, Z., et al. 2008. Constraints on the early uplift history of the Tibetan Plateau. Proceedings of the National Academy of Sciences, 105(13): 4987–4992.

Wang, E., Kirby, E., Furlong, K., et al. 2012. Two–phase growth of high topography in eastern Tibet during the Cenozoic. Nature Geoscience, doi: 10.1038/NGEO1538.

Wang, J. 1987. The Fenwei rift and its recent periodic activity. Tectonophysics, 133: 257–275.

Wang, P., Huang, Z., Mi, N., et al. 2014. Crustal structure beneath the Weihe Graben in central China: Evidence for the tectonic regime transformation in the Cenozoic. Journal of Asian Earth Sciences, 81: 105–114.

Wang, W., Zhang, P., Kirby, E., et al. 2011. A revised chronology for Tertiary sedimentation in the Sikouzi basin: Implications for the tectonic evolution of the northeastern corner of the Tibetan Plateau. Tectonophysics, 505: 100–114, doi: 10.1016/j.tecto.2011.04.006.

Wang, W., Kirby, E., Zhang, P., et al. 2013. Tertiary basin evolution along the northeastern margin of the Tibetan Plateau: Evidence for basin formation during Oligocene transtension. Geological Society America Bulletin, 125: 377–400.

Wang, W., Zheng, D., Li, C., et al. 2020. Cenozoic Exhumation of the Qilian Shan in the Northeastern Tibetan Plateau: Evidence From Low-Temperature Thermochronology. Tectonics, doi: 10.1029/2019TC005705

Wang, X., Hu, G., Saito, Y., et al. 2022. Did the modern yellow river form at the mid–pleistocene transition? Science Bulletin, doi:10.1016/j.scib.2022.06.003.

Wang, Y., Lu, H., Wang, K., et al. 2020. Combined high– and low–latitude forcing of East Asian monsoon precipitation variability in the Pliocene warm period. Sci. Adv. 2020; 6: eabc2414.

Weltje, G., Prins, M. 2007. Genetically meaningful decomposition of grain–size distributions. Sedimentology Geology, 202: 409–424.

Whipple, K. 2009. The influence of climate on the tectonic evolution of mountain belts. Nature Geoscience, 2: 97–104.

Wu, F., Fang, X., Yang, Y., et al. 2022. Reorganization of Asian climate in relation to Tibetan Plateau uplift. Nature Reviews Earth & Environment, doi: 10.1038/s43017–022–00331–7.

Xiao, G., Zong, K., Li, G., et al. 2012. Spatial and glacial–interglacial variations in provenance of the Chinese Loess Plateau. Geophysical Research Letters, 39, L20715, doi: 10.1029/2012GL053304.

Xiao, G., Pan, Q., Zhao, Q., et al. 2021. Early Pleistocene integration of the Yellow River II: Evidence from the Plio–Pleistocene sedimentary record of the Fenwei Basin. Palaeogeography, Palaeoclimatology, Palaeoecolog, doi: 10.1016/j.palaeo.2021.110550.

Yang, X., Zhu, B., White, P. 2007. Provenance of aeolian sediment in the Taklamaken Desert of western China, inferred from REE and major–elemental data. Quaternary International, 175: 71–85.

Yang, Y., Galy, A., Fang, X., et al. 2021. Neodymium isotopic constraints on Cenozoic Asian dust provenance changes linked to the exhumation history of the northern Tibetan Plateau and the Central Asian Orogenic Belt Geochimica et Cosmochimica Acta, 296: 38–55.

Yin, A., Harrison, T., Ryerson, F., et al. 1994. Tertiary structural evolution of Gangdeses thrust system, Southeastern Tibet. Journal of Geophysical Research, 99: 18175–18201.

Yin, A. 2010. Cenozoic tectonic evolution of Asia: A preliminary synthesis. Tectonophysics, 488: 293–325.

Yu, J., Zheng, D., Pang, J., et al. 2022. Cenozoic mountain building in eastern China and its correlation with reorganization of the Asian climate regime. Geology, 50: 859–863.

Zachos, J., Pagani, M., Sloan, L., et al. 2001. Trends, Rhythms, and Aberrations in Global Climate 65 Ma to Present. Science, 292: 686–693.

Zachos, J., Dickens, G., Zeebe, R., et al. 2008. An early Cenozoic perspective on greenhouse warming and carbon–cycle dynamics. Nature, 451: 279–283.

Zhang, A., Yang, Z., Zhong, J., et al. 1995. Characteristics of Late Quaternary activity along the southern border fault zone of Weihe graben basin. Quaternary International, 25: 25–31.

Zhang, G., Meng, Q., Yu, Z., et al. 1996. Orogensis and dynamics of the Qinling Orogen. Science in China (D), 39(3): 225–234.

Zhang, H., Lu, H., Jiang, S., et al. 2012. Provenance of loess deposits in the Eastern Qinling Mountains (central China) and their implications for the paleoenvironment. Quaternary Science Reviews, 43: 94–102.

Zhang, P., Molnar, P., Downs, W., et al. 2001. Increased sedimentation rates and grain sizes 2–4 Myr ago due to the influence of climate change on erosion rates. Nature, 410: 891–897.

Zhang, P., Shen, Z., Wang, M., et al. 2004. Continuous deformation of the Tibetan Plateau from GPS data. Geology, 32(9): 809–812.

Zhang, X., He, M., Wang, B., et al. 2019. Provenance evolution of the northern Weihe Basin as an indicator of environmental changes during the Quaternary. Geological Magazine, doi: 10.1017/S0016756819000244.

Zhang, Y., Vergely, P., Mercier, J. 1995. Active faulting in and along the Qinling Range (China) inferred from SPOT imagery analysis and extrusion tectonics of south China. Tectonophysics, 243: 69–95.

Zhang, Y., Mercier, J., Vergely, P. 1998. Extension in the graben systems around the Ordos (China), and its contribution to the extrusion tectonics of south China with respect to Gobi–Mongolia. Tectonophysics, 285: 41–75.

Zhang, Y., Ma, Y., Yang, N., et al. 2003. Cenozoic extensional stress evolution in North China. Journal of Geodynamics, 36: 591–613.

Zhang, Z., Gentry, A., Kaakinen, A., et al. 2002. Land mammal faunal sequence of the late Miocene of China: new evidence from Lantian, Shaanxi Province. Vertebrata Palasiatica, 40(3): 165–176.

Zhang, Z. 2003. On a new species of Shaanxispira (Bovidae, Artiodactyla) from Bahe Formation, Lantian, Shaanxi Province. Vertebrata PalAsiatica, 41(3): 230–239.

Zhang, Z. 2005. New materials of Dinocrocuta (Percrocutidae, Carnivora) from Lantian, Shaanxi Province, China, and remarks on Chinese Late Miocene biochronology. Geobios, 38: 685–689.

Zhang, Z., Zheng, S., Liu, L. 2008. Late Miocene Cricetids from the Bahe Formation, Lantian, Shaanxi Province. Vertebrata PalAsiatica, 46(4): 307–316.

Zhang, Z., Kaakinen, A., Liu, L., et al. 2013. Mammalian Biochronology of the Late Miocene Bahe Formation. In: Wang, X. et al. (Eds): Fossil Mammals of Asia: Neogene Biostratigraphy and Chronology, New York: Columbia University Press.

Zhang, Z., Wang, H., Guo, Z. 2007. What triggers the transition of palaeoenvironmental patterns in China, the Tibetan Plateau uplift or the Paratethys Sea retreat? Palaeogeography, Palaeoclimatology, Palaeoecology, 245: 317–331.

Zheng, D., Zhang, P., Wan, J., et al. 2006. Rapid exhumation at ~8 Ma on the Liupan Shan thrust fault from apatite fission–track thermochronology: Implications for growth of the northeastern Tibetan Plateau margin. Earth and Planetary Science Letters, 248: 198–208.

Zheng, H., An, Z., Shaw, J. 1992. New contribution to Chinese Plio–Pleistocene magnetostratigraphy. Physics of the Earth and Planetary Interiors, 70: 146–153.

Zheng, H., Powell, C., Rea, D., et al. 2004. Late Miocene and mid–Pliocene enhancement of the East Asian monsoon as viewed from the land and sea. Global and Planetary Change，41：147–155.

Zheng，H.，Wei，X.，Tada，R.，et al. 2015. Late Oligocene–early Miocene birth of the Taklimakan Desert. Proc Nat Acad Sci，112：7662–7667.

Zheng，H. 2016. Asia dust production ramped up since latest Oligocene driven by Tibetan Plateau uplift. Natl Sci Rev，3(3)：271–274.

Zhu，Z.，Dennell，R.，Huang，W.，et al. 2015. New dating of the Homo erectus cranium from Lantian (Gongwangling)，China. Journal of Human Evolution，78：144–157.

Zhu，Z.，Dennell，R.，Huang，W.，et al. 2018. Hominin occupation of the Chinese Loess Plateau since about 2.1 million years ago. Nature，doi：10.1038/s41586-018-0299-4.

Zijderveld，J. 1967. AC demagnetization of rocks：Analysis of results. In：Collinson，D.，Runcorn，S.，Creer，K.，(Eds.) Methods in Paleomagnetism. New York：Elsevier，Amsterdam.